核心课程＋教学项目

浙江省中等职业教育机电技术应用专业课改创新教材

机电设备操作

崔　陵　霍永红　主编

蒋悦情　石显奎　执行主编

沈柏民　主审

科学出版社

北　京

内 容 简 介

本书依据《浙江省中等职业学校机电技术应用专业教学指导方案》编写，是经浙江省职成教教研室审核的课程改革创新教材。

本书详细介绍了数控机电设备的基本知识，重点讲述机电设备中两种典型加工设备，即数控车床、数控铣床的操作，以及典型零件的加工方法。各项目以任务驱动的理念构建教学内容，结构清晰。另外，本书在必要的地方提供微课、短视频，学生可用移动终端扫描二维码后进行相关内容的学习。各项目设置具有行业代表性，内容层层深入，可以更好地巩固、提高学生的岗位能力。书中的数控加工程序均通过实际操作进行了验证，读者可放心使用。

本书可供中等职业学校机电技术应用专业及相关数控维修专业的教学使用，也可作为相关人员岗位培训及自学用书。

图书在版编目（CIP）数据

机电设备操作 / 崔陵，霍永红主编. —北京：科学出版社，2019.1
（浙江省中等职业教育机电技术应用专业课改创新教材）
ISBN 978-7-03-058332-1

Ⅰ. ①机… Ⅱ. ①崔… ②霍… Ⅲ.①机电设备－操作－中等专业学校－教材 Ⅳ. ①TM92

中国版本图书馆 CIP 数据核字（2018）第 163376 号

责任编辑：陈砺川 杨 昕 / 责任校对：赵丽杰
责任印制：吕春珉 / 封面设计：东方人华平面设计部

科学出版社 出版
北京东黄城根北街16号
邮政编码：100717
http://www.sciencep.com

新科印刷有限公司 印刷
科学出版社发行 各地新华书店经销
*
2019年1月第 一 版 开本：787×1092 1/16
2019年1月第一次印刷 印张：10
字数：239 000
定价：38.00元
（如有印装质量问题，我社负责调换〈新科〉）
销售部电话 010-62136230 编辑部电话 010-62195035

在产业转型升级对技术技能型人才的培养提出更高需求，人民生活水平的提高对职业教育有了新的期待，以及"人人出彩"中国梦的背景下，2014年，浙江省率先开始在中等职业教育领域实施"选择性"课程改革。2015年，浙江省人民政府印发了《浙江省人民政府关于加快发展现代职业教育的实施意见》，意见中指出，"强化内涵和特色建设"，"全面深化职业教育教学改革。深化中等职业教育课程改革，优化课程体系，丰富课程资源，推行学分制、弹性学习制度，努力扩大学生多样性学习选择权"，"广泛推广'做中学'育人模式，加强职业生涯规划指导和创新创业教育，着力培养学生的实践能力、就业创业能力"。

这次改革以"选择性教育"理念为指导、以多样化选择为基础、以课程体系建设为主要内容、以机制建设为保障措施，构建了一种全新的课程改革模式，其中专业核心课程建设是改革的关键。专业核心课程建设亟待改变原有以学科为主线的课程模式，尝试构建以岗位能力为本位的专业课程新体系，促进职业教育的内涵发展。基于此，我们开展了"专业核心课程建设"课题研究。课题组本着积极稳妥、科学谨慎、务实创新的原则，对相关行业企业的人才结构现状、专业发展趋势、人才需求状况、职业岗位群对知识技能要求等方面进行系统的调研，在庞大的数据中梳理出共性问题，在把握行业、企业的人才需求与职业学校的培养现状，掌握国内中等职业学校各专业人才培养动态的基础上，最终确立了"以核心技能培养为专业课程改革主旨、以核心课程开发为专业建设主体、以教学项目设计为专业教学改革重点"的浙江省中等职业教育专业核心课程建设新思路，并着力构建"核心课程＋教学项目"的专业课程新模式。这项研究得到了由教育部职业技术教育中心研究所、中央教育科学研究所和华东师范大学职业教育与成人教育研究所等单位的专家组成的鉴定组的高度肯定，认为课题研究"取得的成果创新性强，操作性强，已达到国内同类研究领先水平"，同时形成了能与现代产业和行业进步相适应的体现浙江特色的课程标准和课程体系，满足社会对中等职业教育的需要。

依据该课题研究形成的课程理念及其"核心课程＋教学项目"的专业课程新模式，课题组邀请了行业专家、高校专家及一线骨干教师组成教材编写组，根据先期形成的教学指导方案着手编写本套教材，几经论证、修改，现付梓。

由于时间紧、任务重，教材中定有不足之处，敬请提出宝贵的意见和建议，以求不断改进和完善。

浙江省教育厅职成教教研室

2018 年 4 月

P 前　言
REFACE

　　我国正处于由制造大国向制造强国过渡的转型时期，机电技术是这一阶段的核心技术之一。机电技术集机械制造技术、计算机技术、电子技术等多门技术于一体，最常见的机电设备就是数控机床。

　　数控机床的运用和发展，开创了制造业的新时代，改变了制造业的生产方式、产业结构和管理方法。它集计算机技术、电子技术、自动控制技术、传感测量技术、机械制造技术、网络通信技术于一体，是典型的机电一体化产品。数控加工水平、数控机床拥有量已经成为衡量一个国家工业现代化程度的重要标志。数控机床对加工制造业产生了深远的影响，给传统机电类专业人才的培养带来了新的挑战。数控机床是中等职业学校最为常见的机电设备，也是机电技术应用专业学生接触较多的机电设备。一名合格的机电技术从业人员要会编制机械产品加工工艺规程、选择工艺设备，能够对加工零件进行检测和质量分析，能够使用电工电子仪器仪表，并能够对一般机电设备进行维护。但是，目前市场上针对机电技术应用专业的理实一体化教材较少，鉴于此种情况，编者编写了本书。

　　本书根据浙江省职业教育课程改革文件精神和要求，以培养数控机床维修应用型人才为目标，结合数控维修从业人员的普遍要求，融入了编者多年的教学及实训经验，以任务为驱动，在各任务中应用多种常见设备，并对其基本操作进行说明，力求做到知识点实用、够用。编者在编写本书时力求理论表述简洁易懂，操作步骤清晰明了，课程内容理实一体化，以便于学生掌握和应用。

　　全书共分四个单元，根据机电技术应用专业学生的学习特点进行编排，详细地介绍数控机床编程、操作等核心技术内容。

　　单元 1 介绍常见的机电设备，包括常见的机械加工设备——数控机床及特种加工机电设备。

　　单元 2 根据单元 1 介绍的典型机电设备，即数控车床、数控铣床的特点，由浅入深展开教学，即先认识常见的数控机床及其安全操作规程，再对简单操作进行介绍。本单元以一体化教学理念为指导，边学边做，以安全操作规程为准绳进行数控机床基本操作、维护保养的训练。

　　单元 3 在单元 1 和单元 2 的基础上，以掌握数控机床控制面板的使用方法为学习目标，对常见 FANUC 数控系统的操作面板进行较详细的说明。通过本单元的学习，学生可以对数控车床、数控铣床的加工过程有较深入的认识，为数控机床加工打下基础。

　　单元 4 以数控车床、数控铣床加工实例展开教学，以利用两种加工设备加工典型零件为例，较详细地对加工过程进行说明。通过本单元学习，学生可以对数控机床加工中的工件定位、对刀、加工准备工作有一定认识，为其从事机床加工工作奠定基础。每个单元中都有大量的数字化资源，作为一种学习的补充，能让学生轻松了解相关知识要点。

本书在编排上打破了学科体系，采用了与其他教材不同的编写思路，以机电技术应用专业从业者的视角进行编写，突出了理实一体化的课改要求；在内容组织上，选用技术先进、占市场份额大的 FANUC 数控系统进行剖析；在知识点选取上，以"必需、够用"为原则，充分体现实用性和针对性；在技能训练上，以项目教学的形式编写，增强实践性和应用性。在本书的编写过程中，注重把理论知识和技能训练相结合，以国家职业技能鉴定为标准，突出实践操作、工艺分析和编程技能，并适当拓展相关知识，提高学生对所学知识的综合应用能力。

完成本课程教学建议开设 88 学时（4 学分），学时分配如下表所示。使用本书时，各校可视具体情况对任务内容进行调整和增删。

单元	单元 1	单元 2	单元 3	单元 4	学时合计
学时	6 学时	10 学时	36 学时	36 学时	88 学时

本书由浙江省教育厅职成教教研室崔陵、长兴县职业技术教育中心学校霍永红担任主编，长兴县职业技术教育中心学校蒋悦情、长兴技师学院石显奎担任执行主编。具体编写分工如下：陆海波编写单元 1，石显奎、杨胜编写单元 2，蒋悦情、章东斌、张宇、邱世全编写单元 3 和单元 4。全书由全国优秀教师、浙江省特级教师沈柏民主审。

在编写本书的过程中，编者得到了长兴县职业技术教育中心学校姚新明校长、陆凤林副校长等校领导的大力支持，在此表示真挚的感谢！

中等职业教育课程改革教材的编写是一项全新的工作，没有现成模式可供套用，故书中难免存在疏漏和不足之处，敬请读者批评指正。

编　者

2018 年 6 月

C目 录
ONTENTS

单元 4　数控机床加工　95

单元

常见机电设备

机电设备广泛应用在国民经济的各个领域，已经成为促进社会发展，推动社会进步的重要物质基础。常见机电设备的相关知识是中等职业学校机电技术应用专业学生必须掌握的。本单元重点介绍常见的机电设备。

任务 1.1 认识机电设备

任务目标

知识目标

● 熟悉机电设备的应用领域。

● 了解常用的机电设备。

技能目标

● 会对常见机电设备进行分类。

任务描述

机电设备广泛应用于机械制造与装备、模具制造、电子制造、交通运输、国防军工、生物工程、航空等行业，在生产制造、科研探索等领域发挥着重要作用。

机电设备种类繁多，分类方法也多种多样。《国民经济行业分类》（GB/T 4754—2017）中对机电设备有细致的分类，这种分类方法常用于行业设备资产管理、机电产品目录资料手册的编目等。机电设备按用途可分为三大类，即产业类机电设备、信息类机电设备和民生类机电设备。本任务主要了解机电设备分类，并认识产业类、信息类、民生类机电设备。

在认识机电设备时，学生应仔细观察身边有哪些机电设备，并到实习企业中观察，学会对所见机电设备进行分类。

认识机电设备	产业类机电设备
	信息类机电设备
	民生类机电设备

任务实施

1.1.1 产业类机电设备

产业类机电设备是指用于企业生产的设备，如机械制造行业使用的各类机械加工设备、自动化生产线、工业机器人，以及其他行业使用的纺织机械、矿山机械、工业级打印设备等，如图 1-1 ～图 1-6 所示。

图 1-1　定梁龙门五面加工中心

图 1-2　矿泉水生产线

图 1-3　汽车焊接机器人

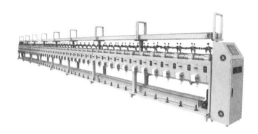

图 1-4　自动纺织机

图 1-5　矿山机械

图 1-6　工业级 3D 打印机

1.1.2　信息类机电设备

信息类机电设备是指用于信息采集、传输和存储的电子机械设备。例如，计算机、打印机、复印机和传真机等办公自动化设备都属于信息类机电设备，如图 1-7 和图 1-8所示。

图 1-7　量子计算机

图 1-8　通信设备

1.1.3 民生类机电设备

民生类机电设备是指用于人民生活领域的电子机械和机械电子产品。例如，空调、电冰箱、微波炉、全自动洗碗机、洗衣机、医疗器械、扫地机器人及健身运动机械等，如图 1-9 ～图 1-14 所示。

图 1-9　微波炉

图 1-10　洗碗机

图 1-11　洗衣机

图 1-12　自动手术台

图 1-13　扫地机器人

图 1-14　室内跑步机

知识拓展

机电技术在国防建设领域的应用

机电技术在国防建设中起着极其重要的作用，是军事装备现代化建设的重要技术支撑。随着世界军事变革与高新技术发展，现代化武器装备越来越多，越来越复杂，这些武器装备工艺技术繁多，对机电技术的依赖程度也在逐步提高。从东方红卫星、歼-10 战斗机到辽宁号航空母舰中的雷达通信、动力控制和导弹制导等关键技术，无一不展现了机电技术在国防建设中的重要作用。

课外阅读

机电设备操作名匠——许振超

许振超，桥吊机电设备操作专家，男，汉族，1950 年 5 月出生，1994 年 4 月加入中国共产党，1974 年 7 月调入青岛港工作，初中文化程度，工程师，齐鲁名匠，曾担任青岛港集装箱公司桥吊司机、固机队队长、安全保卫部副经理、机械二队队长、机械四队队长，青岛港（集团）有限公司明港公司桥吊队队长、党支部书记。他先后被评为青岛市劳动模范、青岛市"十佳"职业道德标兵、山东省有突出贡献的工人技师。许振超作为一名普通的基层产业工人，靠追求卓越、敬业报国的主人翁意识和开拓进取、求真务实的创业精神，带领自己的团队，创造出了世界一流的集装箱装卸效益，弘扬了伟大民族精神。他的先进事迹具有鲜明的时代特征，展现了新时期中国产业工人的崭新形象。

思考与练习

1．列举医学、通信和机械加工方面使用的机电设备。
2．说一说日常生活中见到的机电设备。

任务 1.2　认识机械加工设备

任务目标

知识目标

● 认识机械加工设备的应用领域。
● 了解常用的机械加工设备。

技能目标

● 会对常用机械加工设备进行分类。

任务描述

机械加工设备已经广泛应用到整个国民生产中，使生产自动化程度不断提高，质量更易得到保证，生产效率极大提高。例如，汽车制造行业中的焊接生产线、组装生产线，机械制造行业中的数控机床等。本任务的主要内容是认识机械加工设备中典型的制造型机电设备，区分不同的制造型机电设备。

在认识机械加工设备时，学生应到学校机电技术实训基地，或到实习企业中去，观察机械加工设备，与老师或有经验的企业员工交流，认识机电加工设备，并对其进行分类。

认识机械加工设备	传统制造型机电设备
	数控制造型机电设备

任务实施

1.2.1　传统制造型机电设备

制造业是国民经济的主体，是立国之本、兴国之器、强国之基。从制造业大国向制造业强国转变的过程中，制造领域中的大部分装备需要利用机电技术。以下介绍几种传统的制造型机电设备。

1. 车床

普通车床（图1-15）是能对轴、盘、环等多种类型工件进行多种工序加工的机床，常用于加工工件的内外回转表面、端面和各种内外螺纹；另外，采用相应的刀具和附件，还可进行钻孔、扩孔、攻螺纹和滚花等操作。普通车床是车床中应用最广泛的一种，约占车床类总数的65%，因其主轴以水平方式放置，故称为卧式车床。

2. 铣床

铣床（图1-16）主要是指用铣刀对工件多种表面进行铣削加工的机床。在铣削加工中，通常将铣刀的旋转运动作为主运动，工件和铣刀的移动作为进给运动。

图 1-15　普通车床　　　　　　　　　　　　图 1-16　铣床

铣床是一种用途广泛的机床，在铣床上可以加工平面（水平面、垂直面），沟槽（键槽、T形槽、燕尾槽等），分齿零件（齿轮、花键轴、链轮），螺旋形表面（螺纹、螺旋槽），各种曲面及比较复杂的型面。此外，铣床还可用于回转体表面、内孔的加工及切断工作等。铣床在工作时，工件装夹在工作台或分度头等附件上，以铣刀旋转为主运动，辅以工作台或铣头的进给运动，工件即可获得所需的加工表面。由于铣床是多刃断续切削，因此铣床的生产效率较高。简单来说，铣床可以对工件进行铣削、钻削和镗孔等操作。

3. 刨床

刨床（图 1-17）是用刨刀对工件的平面、沟槽或成型表面进行刨削加工的机床。刨床是使刀具和工件之间产生相对直线往复运动来达到刨削工件表面的目的。往复运动是刨床的主运动。机床除了有主运动以外，还有辅助运动，也称进刀运动。刨床的进刀运动是工作台（或刨刀）的间歇移动。在刨床上既可以刨削水平面、垂直面、斜面、曲面、台阶面、燕尾形工件、T 形槽、V 形槽，也可以刨削孔、齿轮和齿条等。如果对刨床进行适当的改装，则可以扩大刨床的适用范围。用刨床刨削窄而长的表面时具有较高的效率。使用刨床加工时，刀具较简单，但生产效率较低（加工长而窄的平面除外），因而主要用于单件、小批量生产及机修车间，在大批量生产中往往被铣床所代替。

4. 磨床

磨床（图 1-18）是利用磨具对工件表面进行磨削加工的机床。大多数磨床使用高速旋转的砂轮进行磨削加工，少数磨床使用油石、砂带等其他磨具和游离磨料进行加工，如珩磨机、超精加工机床、砂带磨床、研磨机和抛光机等。

图 1-17　刨床　　　　　　　　　　　图 1-18　磨床

1.2.2　数控制造型机电设备

在机械制造领域应用的各种数控设备、柔性制造系统等，在信息技术制造领域应用的焊接机器人、码垛机器人等均属于数控制造型机电设备，如图 1-19 ～图 1-24 所示。

图 1-19　数控车铣复合机床

图 1-20　数控车铣加工中心

图 1-21　数控折弯机

图 1-22　工业机器人

图 1-23　数控等离子火焰切割机

图 1-24　激光切割机

　　数控加工中心属于数控制造型机电设备，是由机械设备与数控系统组成的适用于加工复杂零件的高效率自动化机床。数控加工中心是目前世界上产量较高、应用广泛的数控机床之一。它的综合加工能力较强，工件一次装夹后能完成较多的加工内容；加工精度较高，就中等加工难度的批量工件而言，其加工效率是普通设备的 5～10 倍，特别是它能完成许多普通设备不能完成的加工任务。对于形状较复杂、精度要求高的单件加工或中、小批量多品种工件生产宜选用加工中心。数控加工中心如图 1-25～图 1-28 所示。

图 1-25　数控加工中心

图 1-26　数控龙门加工中心

图 1-27　万能铣削中心

图 1-28　高速精密加工中心

知识拓展

数控磨床的发展史

　　数控磨床是利用磨具对工件表面进行磨削加工的数控机床，如图 1-29 所示。数控磨床可分为数控平面磨床、数控无心磨床、数控内外圆磨床、数控立式万能磨床、数控坐标磨床、数控成型磨床等。数控磨床既能加工硬度较高的材料，如淬硬钢、硬质合金等，也能加工脆性材料，如玻璃、花岗石等。数控磨床既能进行高精度和表面粗糙度很小的磨削，也能进行高效率的磨削，如强力磨削等。

　　18 世纪 30 年代，为了适应钟表、自行车、缝纫机等零件淬硬后的加工，英国、德国和美国分别研制出使用天然磨料砂轮的磨床。这些磨床是在当时现有的机床（如车床、刨床等）上加装磨头改制而成的。其结构简单、刚度低、磨削时易产生振动，要求操作工人要有很高的技艺才能磨出精密的工件。1876 年，在巴黎博览会展出的美国布朗－夏普公司制造的万能外圆磨床是首次具有现代磨床基本特征的机械。它的工件头架和尾座安装在往复移动的工作台上，箱形床身提

图 1-29　数控磨床

高了机床刚度,并带有内圆磨削附件。1883 年,这家公司研制出磨头装在立柱上、工作台作往复移动的平面磨床。1900 年前后,人造磨料的发展和液压传动的应用对磨床的发展起到了很大的推动作用。随着近代工业特别是汽车工业的发展,各种不同类型的磨床相继问世。例如,20 世纪初,先后研制出可加工气缸体的行星内圆磨床、曲轴磨床、凸轮轴磨床和带电磁吸盘的活塞环磨床等。1908 年,自动测量装置开始应用到磨床上。1920 年前后,无心磨床、双端面磨床、轧辊磨床、导轨磨床、珩磨机和超精加工机床等相继研制成功。20 世纪 50 年代,出现了可作镜面磨削的高精度外圆磨床。20 世纪 60 年代末,出现了砂轮线速度达 60 ~ 80m/s 的高速磨床和大切深、缓进给磨削平面磨床。20 世纪 70 年代,采用微处理机的数字控制和适应控制等技术在磨床上得到了广泛的应用。

课外阅读

机电设备操作名匠——顾秋亮

顾秋亮,男,江苏无锡人,1955 年出生,中国船舶重工集团公司第七〇二研究所水下工程研究开发部职工,蛟龙号载人潜水器首席装配钳工技师,大国工匠。顾秋亮从 1972 年起在中国船舶重工集团公司第七〇二研究所工作,在钳工安装及科研试验工作方面已经有 40 多年的工作经验,先后参加和主持过数十项机械加工和大型工程项目的安装调试工作,是一名安装经验丰富、技术水平过硬的钳工技师。顾秋亮在工作中兢兢业业,刻苦钻研,不断提高自身技术水平和能力,有较强的创新和解决技术难题的技能,出色完成了多项高科技、高难度、高水平的工程安装调试任务,为我国大型试验基地、各大型实验室的重大试验设施的建设、调试和维护等提出了行之有效的解决方案。例如,他在 400m 长的亚洲第一拖曳水池轨道的高精度安装调试、大型低噪声循环水槽的建设等工作中,解决了大型模型安装、测试仪器调整等关键技术问题,为七〇二所有关实验室的正常运行做出了积极的贡献。

思考与练习

1. 传统制造型机电设备有哪些?请举例说明。
2. 数控制造型机电设备有哪些?请举例说明。

任务 1.3 认识特种加工机电设备

任务目标

知识目标

● 了解特种加工机电设备的应用领域。
● 认识常用的特种加工机电设备。

技能目标

● 会对特种加工机电设备进行分类。

● 能根据加工零件的特点选择合适的特种加工方法。

任务描述

特种加工机电设备是利用电能、化学能、光能及声能等进行加工的设备，本任务是认识常见的特种加工机电设备，了解各种特种加工设备的用途。

在认识特种加工机电设备时，学生应：

1）仔细观察学校机电技术实训基地有哪些特种加工机电设备。

2）到实习企业去观察、交流，了解特种加工机电设备。

认识特种加工机电设备	电火花加工机电设备
	电子束加工机电设备

任务实施

1.3.1　电火花加工机电设备

电火花加工是直接利用电能对零件进行加工的一种方法。电火花加工机电设备主要由脉冲电源、间隙自动调节装置、机床本体、工作液及其循环过滤系统组成。其中，间隙自动调节装置自动调节极间距离，使工具电极的进给速度与电蚀速度相适应。需要注意的是，火花放电必须在绝缘液体介质中进行。

1. 电火花成型加工机床

电火花成型加工机床主要由脉冲电源箱、工作液箱和机床本体组成。其中，机床主体由主轴头、工作台、床身和立柱组成。主轴头是电火花成型加工机床的关键部件，它与间隙自动调节装置组成一体。主轴头的性能直接影响电火花成型加工机床的加工精度和表面质量。数控电火花成型加工机床如图 1-30 所示。图 1-31 所示为电火花电极与型腔。

图 1-30　数控电火花成型加工机床

图 1-31　电火花电极与型腔

2. 电火花线切割机床

电火花线切割加工是电火花加工的一个分支，是一种直接利用电能和热能进行加工的工艺方法，它用一根移动着的导线（电极丝）作为工具电极对工件进行切割，故称为线切割加工。线切割加工中，工件和电极丝的相对运动是由数字控制技术实现的，故又称为数控电火花线切割加工（简称数控线切割加工）。数控电火花线切割机床如图 1-32 所示。图 1-33 所示为数控线切割加工件。

图 1-32 数控电火花线切割机床　　　　　　图 1-33 数控线切割加工件

1.3.2 电子束加工机电设备

电子束加工技术日趋成熟，应用范围广。国外定型生产的 40 ～ 300kV 电子枪（以 60kV、150kV 为主）已普遍采用数控机床控制，多坐标联动，自动化程度高。电子束焊接技术已成功地应用在特种材料焊接、异种材料焊接、空间复杂曲线焊接、变截面焊接等方面。早在 2014 年，人们即开始研究焊缝自动跟踪、填丝焊接、非真空焊接等技术，使最大焊接熔深达到 300mm，焊缝深宽比达到 20∶1。电子束焊接已用于运载火箭、航天飞机等主承力构件大型结构的组合焊接，以及飞机梁、框、起落架部件、发动机整体转子、机匣、功率轴等重要结构件的制造。电子束加工机电设备如图 1-34 和图 1-35 所示。

图 1-34 阻蒸电子束镀膜机　　　　　　　　图 1-35 电子束光刻机

知识拓展

离子束加工机电设备

表面功能涂层具有硬度高、耐磨、抗腐蚀等特点，可显著提高零件的使用寿命，在工业上具有广泛用途。等离子体热喷涂技术已经广泛应用在航空、航天、船舶等领域产品关键零部件的耐磨涂层、封严涂层、热障涂层和高温防护涂层等方面。等离子体焊接已成功应用于 18mm 铝合金的储箱焊接。配有机器人和焊缝跟踪系统的等离子体焊接设备可进行空间复杂焊缝的焊接。微束等离子体焊接在精密零部件的焊接中应用广泛。离子束加工机电设备如图 1-36 和图 1-37 所示。

图 1-36 磁控离子束溅射系统　　　　　图 1-37 离子束刻蚀系统

课外阅读

机电设备操作名匠——胡双钱

胡双钱，男，汉族，1960 年 7 月出生，中国商业飞机上海飞机制造有限公司数控机加车间钳工组组长，被称为"航空'手艺人'"，大国工匠。2015 年 10 月 13 日，在第五届全国道德模范评选中，胡双钱被授予全国敬业奉献模范称号。

胡双钱亲自参与并见证了中国人在民用航空领域的第一次尝试——运 10 飞机研制和首飞。胡双钱参与了中美合作组装麦道飞机和波音、空中客车系列飞机零部件的转包生产，这些经历使他练就了技术上的过硬本领。当我国起动 ARJ21 新支线飞机和大型客机研制项目时，胡双钱几十年的积累和沉淀终于有了用武之地。他先后高精度、高效率地完成了 ARJ21 新支线飞机首批交付飞机起落架钛合金作动筒接头特制件、C919 大型客机首架机壁板长桁对接接头特制件等加工任务。他还发明了"反向验证"等一系列独特工作方法，确保每一个零件、每一个步骤不出差错。

思考与练习

1. 说明特种加工机电设备的含义。
2. 举例说明特种加工机电设备加工的相关产品。

单元 2

数控机床基本操作

数控机床是机电加工设备中的重要成员，且应用广泛。本单元以数控机床为学习机电设备操作的重要载体，讲述数控机床的基本操作、安全操作规范及数控机床的维护与保养。

任务 2.1 认识数控机床

任务目标

知识目标

● 了解数控机床的分类。

● 熟悉数控机床的结构。

技能目标

● 会对数控机床进行分类。

● 能说出数控机床主要部件的名称。

任务描述

数控机床在结构上与普通机床有很大的不同。因此，在操作数控机床前，需对它有较深入的了解。本任务要求了解数控机床的结构、种类等基本知识，为进一步学习数控机床的操作做好准备。

在认识数控机床时，学生应：

1）对照车间机床实物，认识数控车床、数控铣床、数控加工中心，了解机床的结构。

2）观察数控车床、数控铣床、数控加工中心的加工零件，并思考数控车床、数控铣床、数控加工中心的区别。

认识数控机床	数控机床的分类
	数控机床的结构

任务实施

2.1.1 数控机床的分类

随着数控机床技术的不断发展，机床的品种规格也越来越多样化，分类方法各不相同。一般可根据功能或伺服控制系统对数控机床进行分类。

1. 数控机床按功能分类

数控机床按功能划分，可分为数控车床、数控铣床和数控加工中心几大类。

（1）数控车床

数控车床主要用来加工回转类零件，如轴类、盘类和套类零件。常用的数控车床有立式数控车床、卧式数控车床，如图 2-1 和图 2-2 所示。数控车床加工的零件如图 2-3 所示。

图 2-1　立式数控车床

图 2-2　卧式数控车床

图 2-3　数控车床加工的零件

（2）数控铣床

数控铣床主要用于铣削加工，常用来加工具有平面、沟槽、轮廓、孔隙等几何要素的零件。铣削加工的特点是刀具旋转而工件固定在工作台上，由机床丝杠带动导轨移动来实现对工件的加工。常见的数控铣床如图 2-4 和图 2-5 所示。数控铣床加工的零件如图 2-6 所示。

图 2-4　立式数控铣床

图 2-5　卧式数控铣床

（3）数控加工中心

数控加工中心是可一次装夹完成多道工序的数控机床，多用于小批量加工。其刀具库具有自动换刀机构，在同一台机床上可对工件各加工面连续进行铣（车）、绞、钻、攻螺纹等多种工序的加工，如镗铣加工中心（图 2-7）、车削中心、钻削中心等。数控加工中心加工的零件如图 2-8 所示。

图 2-6　数控铣床加工的零件

图 2-7　镗铣加工中心　　　　　图 2-8　数控加工中心加工的零件

2．数控机床按伺服控制系统分类

数控机床按伺服控制系统划分，可分为开环控制数控机床、半闭环控制数控机床和全闭环控制数控机床几大类。

（1）开环控制数控机床

开环控制数控机床一般以功率步进电动机作为伺服驱动单元，当需要使某一坐标轴运动一个单位长度时，向该轴伺服电路输出一个进给脉冲，经环形分配器和功率放大器后，驱动步进电动机转动一个步距，再经减速齿轮带动丝杠旋转，并通过丝杠螺母副传动，带动丝杠旋转，使工作台移动一个单位长度，这个单位长度通常称为脉冲当量，工作台的移动量与进给脉冲的数量成正比。开环控制数控机床的工作原理如图 2-9 所示。

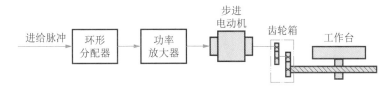

图 2-9　开环控制数控机床的工作原理

（2）半闭环控制数控机床

半闭环控制数控机床采用装在丝杠上或伺服电动机上的角位移测量元件，间接地测量工作台的移动量。此类数控机床将电动机轴或丝杠的转动量与数控装置的命令相比较，丝杠、螺母、工作台的移动量不受闭环控制，故称半闭环控制数控机床。半闭环控制数控机床的工作原理如图2-10所示。

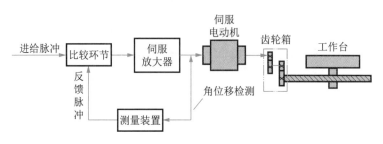

图 2-10　半闭环控制数控机床的工作原理

（3）全闭环控制数控机床

全闭环控制数控机床采用直线位移测量元件，如光栅尺，直接对运动部件的实际位置进行检测。从理论上讲，全闭环控制数控机床可以消除整个驱动和传动环节的误差、间隙和损失动量。全闭环伺服控制系统的精度取决于测量元件的精度，一般具有很高的位置控制精度。但是，因为实际上位置环内许多机械传动环节具有摩擦特性，刚性和间隙都是非线性的，所以很容易造成系统不稳定，影响系统精度，给闭环系统的设计、安装和调试带来困难。全闭环伺服控制系统主要用于对精度要求很高的数控机床，如数控镗铣床、超精车床、超精磨床及较大型的数控机床等。全闭环控制数控机床的工作原理如图2-11所示。

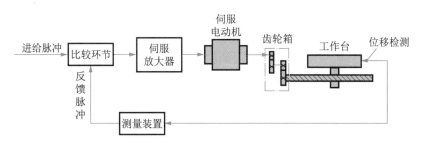

图 2-11　全闭环控制数控机床的工作原理

2.1.2　数控机床的结构

数控机床主要由数控装置、伺服驱动装置、测量反馈装置、辅助装置、机床本体五大部分组成。图2-12为数控车床的结构示意图。

1. 数控装置

数控装置是数控机床的核心，由硬件和软件两大部分组成。其接收从机床输入装置（软磁盘、纸带阅读机、磁带机等）输入的控制信号代码，经过输入、缓存、译码、寄存运算、存储等转变成控制指令，实现直接或通过可编程序逻辑控制器（programmable logic controller，PLC）对伺服驱动装置的控制。图 2-13 为 FANUC 数控装置。

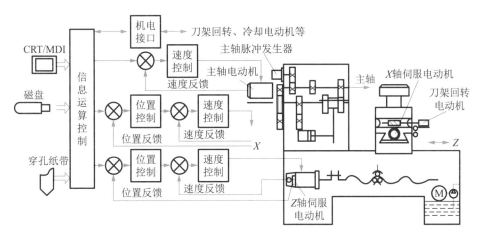

图 2-12　数控车床的结构示意图

2. 伺服驱动装置

伺服驱动装置是数控装置与机床主机之间的连接环节。其接收数控装置生成的进给脉冲信号，经过放大后驱动机床主机的执行机构，实现机床运动。伺服驱动装置包括主轴驱动单元（主要控制主轴移动的速度和方向）、进给驱动单元（主要用于进给系统的速度控制和位置控制）、电主轴等。常用的伺服驱动装置有直流伺服电动机和交流伺服电动机，且交流伺服电动机正逐渐取代直流伺服电动机。FANUC 伺服驱动装置如图 2-14 所示。

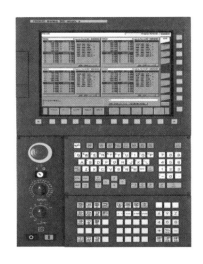

图 2-13　FANUC 数控装置

图 2-14　FANUC 伺服驱动装置

3. 测量反馈装置

测量反馈装置通过现代化的测量元件，如脉冲编码器、旋转变压器、感应同步器、光栅尺、磁尺等，将执行元件（如电动机、刀架等）或工作台等的速度和位移检测出来，经过相应的电路将测得的信号反馈给数控装置，构成半闭环或闭环系统，以补偿执行机构的运动误差，达到提高运动精度的目的。测量反馈装置如图 2-15 所示。

4. 辅助装置

辅助装置是介于数控装置和机床机械、液压部件之间的控制部件。其主要包括刀库（图 2-16），冷却、润滑装置，工件和机床部件的松开、夹紧装置，转位工作台（图 2-17），排屑器（图 2-18）等辅助装置。

图 2-15　测量反馈装置

图 2-16　刀库

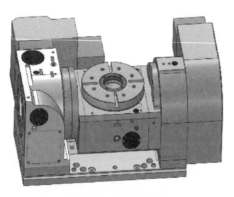

图 2-17　转位工作台

图 2-18　排屑器

5. 机床本体

机床本体是数控机床的主体，如图 2-19 所示，由基础件（如床身），底座和运动件（如工作台、床鞍、主轴箱等）组成。其不仅要实现由数控装置控制的各种运动，还要承受包括切削力在内的各种力。因此，机床本体必须有良好的几何精度、足够的刚度、小的热变形量、低的摩擦阻力，以有效地保证数控机床的加工精度。

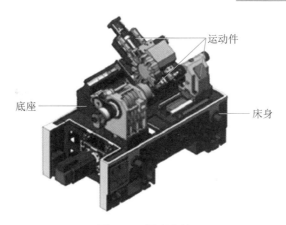

图 2-19　机床本体

任务评价

通过以上内容的学习，要求学生能达到如表 2-1 所示的要求。

表 2-1　认识数控机床学习情况评价表

序号	评价项目	学生自评			教师评价		
		A	B	C	A	B	C
1	能说出机床的种类						
2	能说出数控车床的种类						
3	能说出数控铣床的种类						
4	能判别加工零件使用的机床						
5	能说出数控机床的结构						
6	能说出数控铣床和加工中心的区别						

学生签名：_____　　教师签名：_____

知识拓展

五轴加工中心

随着现代工业的发展，传统的三轴机床早已不能满足复杂零件的加工要求。为了满足多面体和曲面零件的加工要求，五轴机床应运而生。五轴机床集计算机控制技术、高性能伺服驱动技术和精密加工技术于一体，制造难度大，但其应用范围广泛。五轴联动技术在制造领域的应用越来越广泛，从最初的航空、航天、船舶等复杂精密结构件和曲面加工领域，逐步扩大到模具制造、精密仪器加工、高精度医疗设备制造等领域。五轴联动加工技术是解决叶轮、叶片、船用螺旋桨、汽轮机转子、大型柴油机曲轴等异形复杂工件加工问题的重要手段。国际上把五轴联动加工技术作为衡量一个国家工业化水平的标志。五轴联动机床加工的零件如图 2-20 所示。

图 2-20　五轴联动机床加工的零件

五轴机床在三个直线轴的基础上增加了两个旋转轴,可以实现五轴联动。五轴机床可分为定位五轴机床和五轴联动机床两类。定位五轴机床即 3+2 轴机床,刀轴矢量可以改变,但固定后沿着整个切削路径过程不改变;五轴联动机床加工时刀轴矢量可根据要求在整个切削路径上改变。

1. 立式五轴加工中心

立式五轴加工中心如图 2-21 所示,其主轴重力向下,轴承高速空运转的径向受力是均等的,回转特性好,转速高,一般为 12000r/min,甚至可以达到 40000r/min。主轴系统配有循环冷却装置,循环冷却油带走高速回转产生的热量,通过制冷器降到合适的温度后,流回主轴系统。X、Y、Z 三直线轴也可采用直线光栅尺反馈,双向定位精度在微米级。立式五轴加工中心进给速度快,可达 40 ～ 60m/min,因此 X、Y、Z 轴的滚珠丝杠大多采用中心式冷却,同主轴系统一样,由经过制冷的循环油流过滚珠丝杠的中心带走热量。

2. 卧式五轴加工中心

卧式五轴加工中心如图 2-22 所示,此类加工中心的回转轴有两种实现方式。一种为卧式主轴摆动作为一个回转轴,再加上工作台的一个回转轴,实现五轴联动加工。这种方式简便灵活,如果需要主轴立、卧转换,则工作台只需分度定位,即可简单地配置为立、卧转换的三轴加工中心。这种方式由主轴立、卧转换配合工作台分度对工件实现五面体加工,制造成本降低,且非常实用。另外,也可以对工作台设置数控轴,最小分度值为 0.001°,但不做联动,使加工中心成为立、卧转换的四轴加工中心。这种回转轴实现方式可以适应不同加工要求,且价格较低。另一种为传统工作台回转轴,设置在床身上的工作台 A 轴一般工作范围为 -100°～ +20°。工作台的中间设有一个回转台 B 轴,B 轴可双向 360° 回转。这种卧式五轴加工中心的联动特性比第一种方式好,常用于加工大型叶轮的复杂曲面。回转轴也可配置圆光栅尺反馈,分度精度高。但是这种回转轴结构比较复杂,价格也较昂贵。

图 2-21　立式五轴加工中心

图 2-22　卧式五轴加工中心

课外阅读

机电设备操作名匠——高凤林

高凤林，男，汉族，1962 年 3 月出生，中国共产党党员，中国航天科技集团公司一院首都航天机械公司高凤林班组组长，全国劳动模范，全国"最美职工"，大国工匠。

1980 年，高凤林被分配到发动机制造车间从事火箭发动机焊接工作。他热爱航天、勤奋实践、立足本岗、刻苦钻研，在焊接方面怀揣超人的独特技能，是技术工人中理论与实践实现最佳结合的典范。在新材料、新工艺、新结构、新方法等大型攻关项目，特别是在新型大推力发动机的研制生产、科技攻关中，他多次想人所未想，做人所未做，以非凡的胆识、严谨的推理、娴熟的技艺攻克难关，并结合自己对焊接过程的特殊感悟，深刻理解，灵活而又创造性地将所学知识运用于自动化生产、智能控制等柔性加工中，给企业带来巨大效益，为国防和航天科技现代化做出了杰出贡献。

思考与练习

1. 数控机床由哪几部分组成？
2. 简述数控机床三种伺服控制方式的区别。

任务 2.2　掌握数控机床的安全操作规程

任务目标

知识目标

- 熟悉数控机床的安全操作规程。
- 掌握数控机床的开机、关机步骤。

技能目标

● 能够按照正确步骤将数控机床开机、关机。

● 会按照数控机床操作规程正确操作机床。

任务描述

数控机床操作前，应按照操作规程进行检查，按照正确的步骤开机。如果在工作中发生故障，应立即停机，并通知维修人员检修。工作完毕后，将数控机床各轴移动到合适的位置，关机并及时清扫机床，认真执行交接班制度。本任务要求熟悉安全操作规程，学习并掌握数控机床开机、关机的步骤。

在学习数控机床的安全规程时，学生应：

1）前往车间，参观现场操作。

2）穿好工作服，模拟开机前检查。正确开启数控机床后，模拟加工，然后正确关闭机床，并模拟现场清洁工作。

掌握数控机床的	数控机床的安全操作规程
安全操作规程	数控机床的开机、关机步骤

任务实施

2.2.1 数控机床的安全操作规程

在生产中，安全操作规程明确指导操作人员进行规范操作，避免违规操作带来的安全隐患，保证人身安全和设备安全。另外，安全操作规程可以为督查人员提供督查考核的依据。因此，安全操作规程在机械加工中起着重要的作用。

1. 安全操作基本注意事项

1）工作时要穿好工作服、劳保鞋，戴好工作帽及防护眼镜，禁止戴手套操作机床。

2）禁止移动或损坏安装在机床上的警告标牌。

3）不要在机床周围放置障碍物，工作空间应足够大，如图 2-23 所示。

4）某一项工作如果需要多人共同完成，则应注意相互之间工作协调一致。

5）不允许采用压缩空气清洗机床、电气柜及数控机床单元。

2. 操作前的准备工作

1）机床开始工作前要进行预热，并认真检查润滑系统工作是否正常。如果机床长时间未开动，则可先以手动方式向各部分提供润滑油。

2）使用的刀具应与机床允许的规格相符，受到严重破坏的刀具要及时更换。

3）调整刀具所用的工具不要遗忘在机床内。

4）检查大尺寸轴类零件的中心孔径是否合适，若太小，则工作中易发生危险。

图 2-23　加工车间

5）刀具安装后应进行试切削。

6）检查卡盘是否夹紧。

7）机床开动前，必须关好机床防护门。

3. 操作中的注意事项

1）禁止用手接触刀尖和铁屑，铁屑必须用铁钩或毛刷来清洗。

2）禁止用手或其他任何方式接触正在旋转的主轴工件或其他运动部位。

3）禁止加工过程中测量工件尺寸，更不能用棉丝擦拭工件，或清洗其他运动部位。

4）车床运转中，操作者不得离开岗位，发现异常现象应立即停车。

5）在加工过程中，不允许打开机床防护门。

6）工件伸出车床 100mm 以外时，须在伸出位置设置防护物。

7）严格遵守岗位责任制，机床由专人使用，他人使用须经机床管理者同意。

4. 操作完成后的注意事项

1）清除铁屑、擦拭机床，使机床及其周围环境保持清洁状态。

2）检查润滑油、切削液的状态，过少或受到污染时，应及时添加或更换。

3）依次关掉机床操作面板上的电源和总电源。

2.2.2　数控机床的开机、关机步骤

1. 机床的开机

数控机床开机一般是指先给数控机床上强电，然后给数控系统上电。具体操作步骤如下。

1）起动[①] 气泵（利用气压紧固刀具的数控机床），如图 2-24 所示。

2）等待气压达到规定值（0.6 ～ 0.8MPa），如图 2-25 所示。

---

① 本书依据 GB/T 2900.25—2008，用"起动"表示电机、设备（有形）的开动或开始运转。

图 2-24 气泵

图 2-25 气泵压力值

3）顺时针旋转总电源旋钮，打开机床总电源，如图 2-26 所示。

4）按机床操作面板上的"系统起动"键，如图 2-27 所示。

图 2-26 机床总电源旋钮

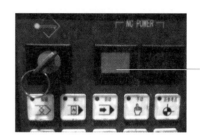

图 2-27 "系统起动"键

5）等待数控系统起动，操作界面开启后，顺时针旋转 EMERGENCY STOP（紧急停止）旋钮，如图 2-28 所示。

6）按 RESET（复位）键，利用 RESET CNC 键对系统进行复位。系统开机画面如图 2-29 所示。

图 2-28 紧急停止旋钮

图 2-29 系统开机画面

7）检查屏幕上显示的刀具号是否与实际使用的刀具相一致。

注意：机床上电和昼夜工作模式的钥匙要由负责机床操作的专人保管。如果钥匙留在操作面板上，则存在被其他人改变工作模式的风险。在完成上述过程后，操作者应该取下钥匙并交由专人保管。

2. 机床的关机

为了避免因数据丢失而带来的重新安装系统的危险，必须依照以下步骤关闭系统：

1）逆时针旋转紧急停止旋钮，以断开辅助设备的电源。

2）按操作系统的"关闭"键，关闭系统。

3）等待关机信息出现，确认已关机。

4）把机床主电源旋钮拨到 OFF（逆时针旋转）位置。

数控车床开机与关机

任务评价

通过以上内容的学习，要求学生能达到如表 2-2 所示的要求。

表 2-2   数控机床安全操作规程学习情况评分表

序号	评价项目	学生自评			教师评价		
		A	B	C	A	B	C
1	数控机床开机，检查润滑系统，工具是否遗忘在机床内，机床防护门是否关闭						
2	数控机床关机，先后顺序正确，系统正常关闭						
3	着装整洁、规范						
4	操作规范程度						
5	在操作过程中是否损坏仪器						
6	整理、整顿、清扫、清洁、素养						

学生签名：_____   教师签名：_____

知识拓展

违规操作事故案例

违规作业是安全生产的大敌，大多数安全生产事故是违规作业造成的。在实际操作中，一些工作人员工作起来就把安全操作规程忘得干干净净，导致操作事故。下面三个案例就是违规作业造成的事故。

案例一   四川广元某木器厂木工李某用平板刨床加工木板，木板尺寸为 300mm×25mm×3800mm。在操作过程中，李某进行推送，另有一人接拉木板。在快刨到木板端头时，遇到节疤，木板抖动，李某的右手脱离木板而直接按到了刨刀上，导致李某右手受伤。为了解决平板刨床无安全防护装置的隐患，该厂专门购置了一套防护装置，但装上后，操作人员嫌麻烦，将其拆除，导致了事故的发生。

案例二   某纺织厂职工朱某与同事一起操作滚筒烘干机进行烘干作业。朱某在向烘干机放料时，被旋转的联轴节挂住裤脚口摔倒在地。待旁边的同事听到呼救声后，马上关闭电源，使设备停转，才使朱某脱险。引起该事故的主要原因是烘干机电动机和传动装置的防护罩在上一班检修作业后没有及时罩上。

案例三 陕西一家煤机厂职工小吴在摇臂钻床上进行钻孔作业，在测量零件时，小吴没有关停钻床，只是把摇臂推到一边，就用戴手套的手去搬动工件。这时，飞速旋转的钻头猛地绞住了小吴的手套，强大的力量拽着小吴的手臂往钻头上缠绕，最终小吴的手套、工作服被撕烂，右手小拇指严重受伤。

以上几起事故都是操作人员违规作业造成的。所有的安全操作规程都是为了保护操作者生命安全和健康而设置的。机械装置的危险区就像一只吃人的"老虎"，安全操作规程就是关老虎的"铁笼"。当不按照安全操作规程操作机床时，这只"老虎"随时会伤害人们的身体。

课外阅读

机电设备操作名匠——宁允展

宁允展，男，1972 年出生，中国共产党党员，中国南车集团青岛四方机车车辆股份有限公司车辆钳工高级技师，中国南车集团技能专家，大国工匠。

他是高铁首席研磨师，国内第一位从事高铁转向架"定位臂"研磨的工人，也是这道工序最高技能水平的代表。从他和他的团队手中研磨的转向架装上了 673 列高速动车组，奔驰 9 亿多公里，相当于绕地球 2 万多圈。他执着于创新研究，主持的多项课题和发明的多种工装每年可为公司节约创效近 300 万元。自 1991 年进入公司，宁允展一直扎根生产一线，主要从事高速动车组转向架研磨、装配工作。从业 20 多年来，他立足本职，兢兢业业，从他手中研磨的产品创造了 10 年无次品的纪录，为高铁列车的高质量生产做出了突出贡献。

思考与练习

1. 根据安全操作规程中所提出的注意事项，分析不严格执行安全操作规程中规定的内容，机床操作人员存在哪些危险。

2. 简述数控机床的开机和关机步骤。

任务 2.3　掌握数控机床的基本操作

任务目标

知识目标

● 熟悉数控机床的常用刀具。

● 熟悉数控机床的手动操作方法。

● 了解数控机床的对刀方法。

技能目标

● 能根据要求操作数控机床。

● 会对数控机床进行编辑、手动数据输入（MDI）、自动、手动、空运行等操作。

任务描述

本任务演练常用数控指令及数控机床的操作，包括数控机床的返回参考点、显示坐标、移动轴、主轴正反转、编写程序、刀具安装、自动加工、工件检测和机床维护等。

在学习数控机床基本操作的过程中，学生应：

1）开机后进行返回机床参考点操作，熟悉数控机床操作面板上各个按键的含义，演练数控机床各轴的正确移动方向。

2）输入给定的数控编程指令，并校正输入的程序。

3）进行刀具的正确安装演示及正确的模拟加工。

掌握数控机床的基本操作	常用数控指令
	操作数控机床

任务实施

2.3.1 常用数控指令

1. 数控机床指令准备

在数控机床开启状态下，把模式选择置 MDI，输入以下指令进行简单的操作。数控机床指令准备如表 2-3 所示。

表 2-3　数控机床指令准备

数控铣床指令准备		数控车床指令准备	
指令含义	指令代码	指令含义	指令代码
T01 M6	换刀指令	T0101	换刀指令
M03	主轴正转	M03	主轴正转
M04	主轴反转	M04	主轴反转
M05	主轴停止	M05	主轴停止
M07	冷却气开	M08	冷却液开
M08	冷却液开	M09	冷却液关
M09	冷却液关		
M19	主轴定位		

2. 简单程序

（1）数控车床加工程序

数控车床加工程序样例如下。

```
N10 %
N20 T0101;
N30 M03 S600;
N40 G00 X100  Z100;
N50 X30 Z2.0;
N60 G01 X0 Z0 F0.2;
N70 X18.0;
N80 X20.0  Z-1.0;
N90 Z-30.0;
N100 X30.0;
N110 Z-50.0;
N120 G00 X60.0;
N130 X100 Z100.0;
N140 M05;
N150 M30;
N160 %
```

（2）数控铣床加工程序

数控铣床加工程序样例如下。

```
N10 %
N20 G90 G54 G00 X0 Y0 M3 S800;
N30 G43 Z100 H01 M08;
N40 Z5.0;
N50 G41 D01 X40.0  Y50.0;
N60 G01 Z-2.0  F50;
N70 Y-40.0  F150;
N80 X-40.0;
N90 Y40.0;
N100 X50.0;
N110 G00 Z100.0;
N120 G40 X0 Y0;
N130 M05;
N140 M09;
N150 M30;
N160 %
```

2.3.2   操作数控机床

1. 数控机床的开机、关机

数控机床的开机与关机参考 2.2.2 节内容，这里不再赘述。

2. 返回参考点

返回参考点也称回零，是开机后为了使数控机床找到机床坐标的基准所必须进行的操作。

1）按数控机床操作面板上的 POS 键，如图 2-30 所示，在显示界面选择"综合"选项，如图 2-31 所示，观察机械坐标值是否小于 −100，若不小于 −100，则选择 JOG（手动）挡位，手动移动坐标轴，使其数值达到要求，方可进行下一步操作。

图 2-30　功能键界面

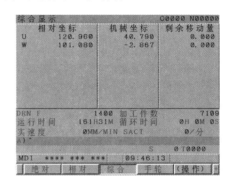

图 2-31　综合坐标面板

2）选择 ZRN 挡位，回到参考点后，显示界面的显示零点灯亮，完成回参考点操作。回参考点键如图 2-32 所示。

图 2-32　回参考点键

3. 显示坐标

按 POS 键，即可在显示界面显示坐标。一般数控机床的显示界面显示三种坐标，分别是综合坐标、相对坐标、绝对坐标，如图 2-33 ～图 2-35 所示。

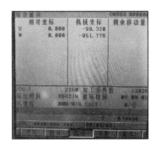  

图 2-33　综合坐标显示界面　　　图 2-34　相对坐标显示界面　　　图 2-35　绝对坐标显示界面

4. 移动轴操作

移动轴操作主要是指手动对数控机床各个轴进行的移动操作，一般有两种移动轴的方式：JOG（手动）方式、HANDLE（手轮）方式。

（1）JOG方式移动轴

1）选择JOG挡位，进入JOG方式，如图2-36所示。

2）利用进给倍率选择按钮调节速度：F0、25%、50%、100%，如图2-37所示。

图2-36　JOG方式　　　　　　　　　　　　　图2-37　进给倍率选择按钮

（2）HANDLE方式移动轴

1）选择HANDLE（MPJ）挡位，进入HANDLE方式，如图2-38所示。

2）选择想要移动的轴，再选择进给速度（X1、X10、X100），如图2-39所示。

图2-38　HANDLE方式　　　　　　　　　　　图2-39　进给速度选择

5. 主轴正/反转操作

主轴正/反转操作有两种方式，一是手动输入MDI方式，另一种是JOG方式。

（1）MDI方式

1）选择MDI挡位。

2）按PROG键。

3）输入主轴正转指令及转速，如"M03S800;"。

4）按INSERT键，将其输入。

5）按CYCLE START键，主轴正转。

（2）JOG方式

1）选择JOG挡位，进入JOG操作环境。

2）按机床控制面板上的主轴CW/CCW键，主轴即实现正转或反转，如图2-40所示。

手动操作　手轮操作

6. 编写程序

编辑程序时所用的键有 PROG、CAN、ALTER、INSERT、DELETE、CSTM/GRPH、SHIFT 等，如图 2-41 所示。

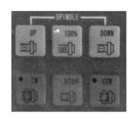

图 2-40　主轴正 / 反转按钮

图 2-41　程序编辑按钮

（1）程序的输入

1）选择 EDIT（编辑）模式。

2）按编辑面板中的 PROG 键进入程序界面，如图 2-42 和图 2-43 所示。

图 2-42　编程面板

图 2-43　编程界面

3）新建程序名，程序名为 O+ 四位数字，如输入 "O0001"，按 INSERT 键。

4）按 EOB 键，显示 ";"，按 INSERT 键（FANUC 系统编程，习惯每条程序后面用 ";" 隔开，再输入下一条程序）。

5）依次输入指令代码及相应数字即可。若需输入编程面板按键左上角的字母，则按 SHIFT 键进行切换即可。

注意：输入过程中程序会自动保存到系统内，无须再做保存程序操作。

（2）程序的修改

输入程序过程中通常有以下两点需要修改：

1）在输入左下角位置出现 ×× 之类重复输入，按 CAN 键自右向左删除。

2）要修改已经输入程序内的指令代码，应把光标移到要修改的指令代码或字符上。通常有两种修改方式，一种是用 DELETE 键删除后再输入正确指令代码或字符，另一种是输入正确指令代码或字符后按 ALTER 键替换所修改的内容。

（3）删除程序

选择 EDIT 挡位，进入程序界面；输入要删除的程序名，直接按 DELETE 键即可将程序删除。

7. 安装数控机床刀具

数控车床装刀

为数控机床安装刀具时应注意，安装前保证刀杆及刀片定位面清洁，无损伤；将刀杆安装在刀架上时，应保证刀杆方向正确；安装数控车床刀具时需注意使刀尖等高于主轴的回转中心。具体操作可扫描二维码进行学习。数控铣床刀具、数控车床刀具安装方法分别如图 2-44 和图 2-45 所示。

图 2-44　数控铣床刀具安装　　　　　图 2-45　数控车床刀具安装

8. 自动加工

在完成刀具、工件、程序等相关准备工作，经校对无误后，再次检查模拟加工过程，确定一切正常无误后进行对刀及低速试切，检查零件尺寸是否符合图样要求，并根据实际情况修改刀补，至零件完全符合图样要求后即可进行自动加工。

9. 工件检测

试切一个工件，加工完成后测量其尺寸，由质检人员检查是否合格。若不合格则根据具体情况修改程序，直到加工出合格产品为止。

10. 机床维护

机床维护应按照 7S 标准执行，具体内容见知识拓展。

任务评价

通过以上内容的学习，要求学生能达到表 2-4 所示的要求。

表 2-4 数控机床基本操作学习情况评价表

序号	评价项目	学生自评			教师评价		
		A	B	C	A	B	C
1	能正确开机						
2	能正确返回参考点						
3	能显示坐标						
4	能移动轴						
5	能控制主轴正反转及停止						
6	能正确编写程序						
7	能正确安装刀具						
8	能进行自动加工						
9	着装检查						
10	规范操作检查						
11	机床维护检查（7S 标准）						

学生签名：＿＿＿＿＿＿ 教师签名：＿＿＿＿＿＿

知识拓展

车间 7S 标准

7S 标准即整理（seiri）、整顿（seiton）、清扫（seiso）、清洁（seiketsu）、素养（shitsuke）、安全（safety）、节约（save）。

1. 整理

整理就是彻底地将要与不要的东西区分清楚，并将不要的东西加以处理，它是改善生产现场的第一步。要做到整理标准，需对"留之无用，弃之可惜"的观念予以突破，必须挑战"好不容易才做出来的""丢了好浪费""可能以后还有机会用到"等传统观念，经常对"所有的东西都是要用的"观念加以检讨。

整理的目的是改善和增加作业面积；现场无杂物，行道通畅，提高工作效率；消除管理上的混放、混料等差错事故。整理有利于减少库存、节约资金。

2. 整顿

整顿即把经过整理的需要的人、事、物加以定量、定位，简而言之，整顿就是人和物放置方法的标准化。整顿的关键是要做到定位、定品、定量。抓住了上述几个要点就可以制作看板，做到目视管理，从而提炼适合本企业的东西放置方法，进而使该方法标准化。工量具的正确摆放如图 2-46 所示。

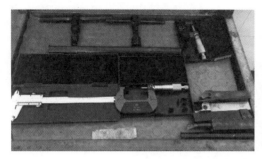

图 2-46　工量具的正确摆放

3. 清扫

清扫即彻底地将自己的工作环境打扫干净，设备异常时马上维修，使之恢复正常。清扫活动的重点是必须按照确定清扫对象、清扫人员、清扫方法，准备清扫器具，实施清扫的步骤实施，方能真正达到想要的效果。清扫活动应遵循以下原则：自己使用的物品如设备、工具等，要自己清扫而不要依赖他人，不增加专门的清扫工；设备的清扫应着眼于对设备的维护保养，清扫设备要同设备的点检和保养结合起来；清扫的目的是改善，当清扫过程中发现有油水泄漏等异常状况发生时，必须查明原因，并采取措施加以改进，不能听之任之。机床清扫效果如图 2-47 所示。

图 2-47　机床清扫效果

4. 清洁

清洁是指对整理、整顿、清扫之后的工作成果要认真维护，使现场保持最佳状态。清洁是对前三项活动的坚持和深入。清洁活动实施时，需要秉持三个观念：只有在清洁的工作场所才能生产高效率、高品质的产品；清洁是一种用心的行为，千万不要在表面下功夫；清洁是一种随时随地的工作，而不是上下班前后的工作。

清洁时应坚持"三不要"的原则，即不要放置不用的东西，不要弄乱，不要弄脏；

不仅物品需要清洁，现场工人同样需要清洁；工人不仅要做到形体上的清洁，而且要做到精神上的清洁。车间保持清洁如图 2-48 所示。

图 2-48　车间保持清洁

5. 素养

要努力提高人员的素养，养成严格遵守规章制度的习惯和作风。素养是 7S 管理活动的核心，没有人员素质的提高，各项活动就不能顺利开展。工作服正确着装如图 2-49 所示。

图 2-49　工作服正确着装

6. 安全

安全是要保证人身与财产不受侵害，创造一个零故障、无意外事故发生的工作场所。实施的要点是不要因小失大，应建立健全各项安全管理制度；对操作人员的操作技能进行训练；全员参与，排除隐患，重视预防。规范操作如图 2-50 所示。

图 2-50 规范操作

7. 节约

节约是对时间、空间、能源等合理利用，以发挥最大效能，从而创造一个高效率的、物尽其用的工作场所。实施时应该秉持三个观念：能用的东西尽可能利用；以自己就是主人的心态对待企业资源；对于企业资源，切勿随意丢弃，丢弃前要思考其剩余的使用价值。节约是对整理工作的补充和指导，在企业中应秉持勤俭节约的原则。

课外阅读

机电设备操作名匠——管延安

管延安，男，1977 年 6 月出生，汉族，山东潍坊人，大国工匠，先后荣获港珠澳大桥岛隧工程"劳务之星"和"明星员工"称号，因其精湛的操作技艺被誉为中国"深海钳工"第一人。管延安 18 岁就开始跟着师傅学习钳工，"干一行，爱一行，钻一行"是他对自己的要求。20 多年的勤学苦练和对工作的专注，心灵手巧的他不但精通錾、削、钻、铰、攻、套、铆、磨、弯形等各门钳工工艺，而且对电器安装调试、设备维修也是得心应手。1995 年，管延安参加工作，先后参与了青岛北海船厂、前湾港等大型工程建设；参加港珠澳大桥岛隧工程建设，是中国交通建设股份有限公司港珠澳大桥岛隧工程 V 工区（中国交通建设股份有限公司第一船务工程局有限公司二公司负责）航修队钳工，负责沉管二次舾装、管内电气管线、压载水系统等设备的拆装维护及船机设备的维修保养等工作。经他安装的沉管设备，已成功完成十多次海底隧道对接任务，无一次出现问题。

思考与练习

1. 数控机床的基本操作有哪些？
2. 说明车间 7S 标准的含义。

任务 2.4　维护与保养数控机床

🎯 任务目标

知识目标

● 了解数控机床日常维护的具体内容。

● 熟悉数控机床日常维护与保养的方法。

技能目标

● 能按要求进行数控机床的维护和保养。

≔ 任务描述

本任务要求掌握数控机床常规维护保养措施，并正确认识数控机床的维护与保养。在学习数控机床维护与保养的过程中，学生应：

1）理顺数控机床的维护与保养流程。

2）了解机械和电气方面的常规保养方法。

维护与保养数控机床	机床机械部分的维护与保养
	机床电气部分的维护与保养

⚙ 任务实施

2.4.1　机床机械部分的维护与保养

数控机床机械部分的维护与保养主要包括以下几项工作，相应的教学视频可扫码观看。

1）定期检查丝杠支承与床身的连接是否松动，连接件是否损坏，以及丝杠支承轴承的工作状态与润滑状态，以免影响滚珠丝杠（图 2-51）与导轨的使用寿命。

滚珠丝杠

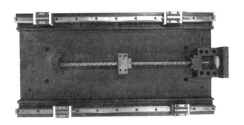

图 2-51　数控机床滚珠丝杠

2）工作结束后，应在各伺服轴回归原点后停机。

3）每班工作结束后，应清扫干净散落于刀架、卡盘、尾座、导轨、托板、外表面的切屑。数控机床工作台如图2-52所示。

图2-52　数控机床工作台

2.4.2　机床电气部分的维护与保养

数控机床电气部分的维护与保养主要包括以下两点，相应的教学视频可扫码观看。

1）机床电气部分包括电气控制柜等，如图2-53和图2-54所示。因为机床在工作的时候需要及时散热，所以在机床工作结束之后要定期检查空气过滤网是否粘附尘土。若过滤网比较脏，则应及时清理干净。

图2-53　电气控制柜外观　　　　　　　图2-54　电气控制柜内部

2）机床工作前，应检查数控加工中心的气动三联件（图2-55）是否正常，油雾器是否需要添加液压油，油水分离器分离出来的水有没有及时排放。

图 2-55　气动三联件

任务评价

通过以上内容的学习，要求学生能达到表 2-5 所示的要求。

表 2-5　数控机床维护与保养学习情况评价表

序号	评价项目	学生自评			教师评价		
		A	B	C	A	B	C
1	能判断各伺服轴是否回到原点						
2	能否清扫干净刀架						
3	能否清扫干净卡盘						
4	能否清扫干净尾座						
5	能否清扫干净导轨						
6	能否清扫干净托板						
7	能否清扫干净外表面						
8	能判断冷却风扇是否正常工作						
9	能判断空气过滤网是否需要清理						
10	能判断气动三联件是否需要添加液压油						
11	能判断气动三联件是否需要排水						

学生签名：＿＿＿＿＿＿＿　　教师签名：＿＿＿＿＿＿＿

知识拓展

液压泵与润滑泵的维护与保养

1. 液压泵的维护与保养

液压泵的维护与保养内容包括以下两个方面：

1）液压泵过滤网上的过滤垃圾是否清理。

2）液压缸中的切削液是否及时补充，切削液过少容易造成液压泵损坏。

2. 润滑泵的维护与保养

润滑泵中的过滤器应每月清洗一次（可用煤油清洗），发现过滤器滤网损坏时应及时更换。润滑泵和过滤器分别如图 2-56 和图 2-57 所示。

图 2-56　润滑泵

图 2-57　过滤器

课外阅读

机电设备操作名匠——方文墨

方文墨，男，1984 年出生，大国工匠，中国航空工业集团有限公司首席技能专家。教科书上，手工锉削精度极限是千分之十毫米，而方文墨加工的精度达到了千分之三毫米，相当于头发丝的二十五分之一，这是数控机床都很难达到的精度。中国航空工业集团有限公司将这一精度命名为文墨精度。2010 年，26 岁的方文墨在全国青年职业技能大赛上夺得钳工冠军。2013 年，方文墨被沈阳飞机有限公司作为引进人才调入。中国航空工业集团有限公司车间里，成立了以他的名字命名的文墨班组。在参加工作不到 10 年的时间里（截至 2013 年 6 月），方文墨改进工艺方法 60 多项，自制新型工具 100 多件，整理了 20 多万字的钳工技术资料。这是方文墨自身技术进步的最佳实证，是人生境界的扎实跨进。那些担当大任的小零件，是方文墨和工友们的智慧与汗水的结晶。

思考与练习

1. 简述数控机床机械部分的维护和保养。
2. 简述数控机床电气部分的维护和保养。

单元 3

数控机床操作面板

单元概述

数控机床操作面板是数控机床的重要组成部件，是操作人员与数控机床（系统）进行交互的工具，主要由显示装置、MDI 键盘、机床控制面板（MCP）、状态灯、手持单元等部分组成。数控机床的类型和数控系统的种类很多，各生产厂家设计的操作面板也不尽相同，但各种旋钮、按钮和键盘的基本功能与使用方法基本相同。通过本单元的学习，学生需要掌握数控车床、数控铣床系统操作面板和控制操作面板中按钮的功能；对常用的加工指令能熟练运用，能够编写、修改数控车床、数控铣床的操作程序，能够对程序进行仿真模拟。

任务 3.1 认识数控车床操作面板

任务目标

知识目标

● 掌握数控车床系统操作面板中各按键的含义和作用。

● 掌握数控车床控制操作面板中各按键的含义和作用。

技能目标

● 会用数控车床系统操作面板上的各按键进行操作。

● 会用数控车床控制操作面板上的各按键输入程序。

任务描述

操作面板是数控机床的重要组成部件。虽然数控机床的类型和数控系统的种类很多,但操作面板中各种旋钮、按键和键盘的功能与使用方法基本相同。本任务以FANUC 数控车床为例,要求掌握数控车床的系统操作面板和控制操作面板基本功能及相关操作。

目前工厂常用的数控系统有 FANUC 数控系统、华中数控系统等。FANUC 数控机床的操作面板由系统操作面板和控制操作面板两部分组成。在学习数控车床操作面板的过程中,学生应对数控车床操作面板上每个按键的含义有深刻的理解。

认识数控车床操作面板	FANUC 数控车床的系统操作面板
	FANUC 数控车床的控制操作面板
	输入与操作程序

任务实施

3.1.1　FANUC 数控车床的系统操作面板

FANUC 数控车床的系统操作面板由 7.2in（1in ≈ 2.54cm）单色液晶显示器和 MDI 键盘按横向方式排列,如图 3-1 所示。MDI 键盘按键说明如表 3-1 所示。

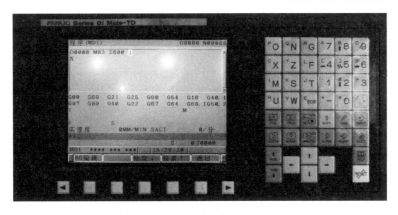

图 3-1 FANUC 的系统操作面板

表 3-1 MDI 键盘上各键说明

按键图示	按键名称	按键功能
RESET	复位键	按此键可使数控机床复位，用于解除报警等
HELP	帮助键	按此键可显示操作机床的方法，如 MDI 键的操作方法。可在数控机床发生报警时提供报警的详细信息（帮助功能）
F 4	字符和数字键	用于输入字母、数字等字符
INPUT	输入键	用于参数输入及 MDI 方式指令数据的输入
CAN	取消键	取消前次操作输入的文字或符号，如输入缓冲区显示为 G00X80Z，按该键后显示为 G00X80
ALTER	程序编辑键	替换字符
INSERT		插入字符
DELETE		删除字符
EOB		回车换行键，结束一行程序的输入并换行
SHIFT		上挡字符的选择

续表

按键图示	按键名称	按键功能
	功能键	显示当前位置坐标
		显示程序的内容
		显示或输入刀具参数、偏置量等
		显示系统参数界面
		显示报警和用户提示信息
		显示图形参数设置界面
	光标移动键	可向左、右、上、下四个方向移动光标
	翻页键	显示器画面向前或向后转换
	软键	根据显示的菜单选择对应的软键,可实现不同的功能

3.1.2 FANUC 数控车床的控制操作面板

数控车床生产厂家不同,在控制操作面板上的按键或旋钮的设置位置也不相同。下面以济南一机床集团有限公司生产的数控车床为例介绍控制操作面板,如图 3-2 所示。该车床使用的是 FANUC 数控系统。控制操作面板各按键说明如表 3-2 所示。

图 3-2　数控车床控制操作面板

表 3-2 数控车床的控制操作面板按键功能说明

按键图示	按键名称	按键功能
	系统起动	按该键后，液晶显示器显示初始界面，等待操作
	系统停止	按该键后，液晶显示器关闭，同时关闭系统电源
	编辑	配合 MDI 键盘，完成程序的输入、编辑和删除等操作
	自动	自动加工模式
	MDI	手动数据输入
	单段	单步执行有效时，每按一次该键，程序执行一条指令
	空运行	执行程序时按此键，各编程轴不再按编程速度运动，而是按预先设定的空运行速度高速移动
	跳步	自动模式下按此键，跳过程序中开头带有"/"符号的程序段
	手轮	手轮模式移动机床
	手动	手动模式，手动连续移动机床
	回零	返回参考点
	机床锁住	按此键，机床各轴被锁住，只有程序运行
	手动换刀	按此键，起动手动换刀功能
	切削液开关	按此键，切削液循环流动；再按一下该键，切削液停止流动

续表

按键图示	按键名称	按键功能
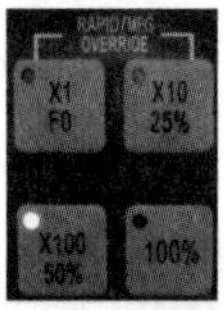	手轮进给倍率	进给倍率选择按钮，选择移动机床轴时每一步的距离：×1 为 0.001mm，×10 为 0.01 mm，×100 为 0.1 mm
	调节转速	按相应键，主轴转速可升高、降低、恢复指定转速
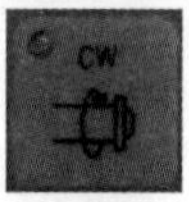	手动主轴正转	手动或手轮方式下，按此键，主轴正转
	手动主轴停止	手动或手轮方式下，按此键，主轴停止
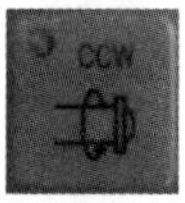	手动主轴反转	手动或手轮方式下，按此键，主轴反转
	程序暂停	在程序运行中，按此键暂时停止程序运行
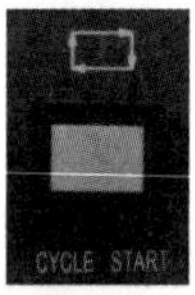	循环起动	模式选择在"AUTO"或"MDI"挡位时，按此键程序将自动执行
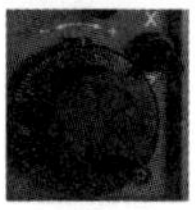	手摇脉冲发生器	在模拟系统中具体操作是把光标置于手轮上，选择轴向，按鼠标左键，移动鼠标，手轮顺时针转，相应轴往正方向移动，手轮逆时针转，相应轴往负方向移动

3.1.3 输入与操作程序

1. 输入程序

1）按 EDIT 键，将工作方式设置为编辑方式。

2）按 PROG 键，进入程序编辑界面。

3）输入新的程序号（如 O0001），按 INSERT 键，再按 EDB 键，完成新程序号的输入。

4）用 MDI 键盘输入一段程序（每输入一个程序句后按 EDB 键表示语句结束）。

若要调用存储器中已有的程序进行编辑或加工，则应在进入程序编辑界面后，输入如下要调用的试机程序，并按"↓"光标移动键完成调用过程。

```
N10 %(程序开始符)
N20 O0001;(程序号)
N30 G99 G97 M03 S800 T0101;(以下为程序主体)
N40 G00 X50 Z5;
N50 G71 U1 R0.5;
N60 G71 P10 Q20 U0.5 W0 F0.2;
N70 N10 G00 X18;
N80 G01 Z0;
N90 X20 Z-1;
N100 Z-15;
N110 X33;
N120 X35 Z-16;
N130 Z-25;
N140 N20 G01 X45;
N150 G00 X100 Z100;
N160 M05;
N170 M00;
N180 M03 S1200 T0101;
N190 G00 X50 Z5;
N200 G70 P10 Q20 F0.1;
N210 G00 X100 Z100;
N220 M05;
N230 M30;
N240 %(程序结束符)
```

2. 主轴转动

1）在 MDI 工作方式下，按 PROG 键，进入程序编辑界面，输入 "M03S600;"，按 CYCLE START 键，即可完成主轴正转。

2）在 JOG 方式或 MPG 方式下，按 CW、CCW、STOP 键，可以实现机床主轴正转、反转和停止。

3）主轴旋转的速度可通过 DOWN、UP、100% 这三个键来调节。

3. 刀架换刀

1）在 MDI 工作方式下，按 PROG 键，进入程序编辑界面，输入 "T0101;"，按 CYCLE START 键，即可完成 1 号换刀动作。

2）在 JOG 或 MPG 方式下，按 INDEX 键，可以实现机床刀架旋转换刀。每按一次 INDEX 键，刀架换一个刀位。

4. 进给轴移动

（1）手动方式进给

1）将工作方式设置为 JOG 方式。

2）按控制操作面板上的轴 / 位置按键 "↑X" "↓X" "←Z" "→Z"，车床将沿选定轴方向运动。手动连续进给速度可使用进给倍率键进行调节。若按进给倍率键选择倍率后按快速进给键，则可使相应进给轴实现快速移动。

（2）手摇方式进给

将工作方式设置为 JOG 方式，此时手摇脉冲发生器起作用。通过轴 / 位置键选择 X 或 Z 方向，同时利用速度变化键（单位为 0.001mm）选择速度倍率，旋转手摇脉冲发生器按选定的轴方向实现增量移动。

5. 回参考点

回参考点前需左旋控制操作面板上的系统停止旋钮。

1）将当前工作方式选择为回零方式。

2）按 "↑X" 键，待 X 轴回到参考点后，"X 零点" 指示灯亮。

3）用同样的方法按 "→Z" 键，待 Z 轴回到参考点后，"Z 零点" 指示灯亮。

注意：

1）在回参考点的过程中，为确保安全，防止刀架、刀架电动机与尾座相碰撞，必须先进行 X 轴回参考点操作。

2）在回参考点的过程中要适当选择进给速率键的倍率。

3）对于自动回参考点的机床，起动时无须进行手动回参考点操作。

任务评价

通过以上内容的学习，要求学生能达到表 3-3 所示的要求。

表 3-3 数控车床操作面板学习情况评价表

序号	评价项目	学生自评			教师评价		
		A	B	C	A	B	C
1	能新建程序名、输入、删除和修改程序						
2	能实现主轴转动						
3	能实现刀架换刀						
4	能实现进给轴移动						
5	能实现回参考点操作						

学生签名：_____   教师签名：_____

知识拓展

典型数控系统简介

1. 华中数控系统

华中数控股份有限公司具有自主知识产权的数控系统形成了高、中、低三个档次的系列产品。该公司在前期技术积累的基础上，研制了华中 8 型系列高档数控系统产品，与已列入国家重大专项的高档数控机床配套应用；其具有自主知识产权的伺服驱动和主轴驱动装置的性能指标达到国际先进水平，自主研制的五轴联动高档数控系统已在汽车、能源、航空等领域成功应用。该公司研制的 60 多种专用数控系统已应用于纺织机械、木工机械、玻璃机械、注塑机械等。华中世纪星数控车床操作面板如图 3-3 所示。

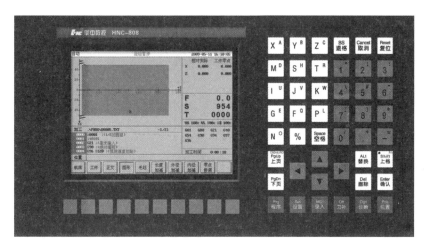

图 3-3　华中世纪星数控车床操作面板

2. 广州数控系统

广州数控设备有限公司（GSK）成立于 1991 年，是国内专业技术领先的成套智能装备解决方案提供商，被誉为中国南方数控产业基地。该公司面向数控机床行业、自动化控制领域和注塑制品行业，为用户提供智能制造全过程解决方案。广州数控数控车床操作面板如图 3-4 所示。

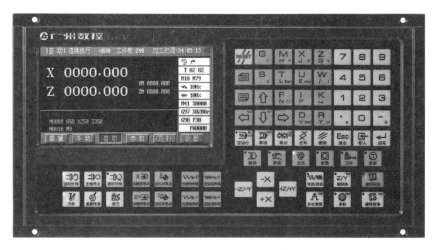

图 3-4　广州数控数控车床操作面板

3. 凯恩帝数控系统

北京凯恩帝数控有限责任公司有数十款不同类型的凯恩帝数控系统（KND），主要运用于数控机床控制，也可应用于各种专机控制器、驱动器、电动机等配套产品，满足机床工具行业单轴控制机械、数控车床、数控铣床、加工中心及专用机械的多种应用需求。凯恩帝数控车床操作面板如图3-5所示。

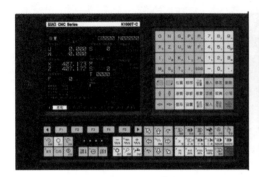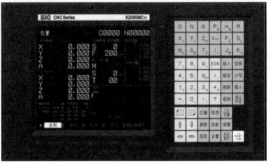

图 3-5　凯恩帝数控车床操作面板

课外阅读

机电设备操作名匠——鲁宏勋

鲁宏勋，1963 年出生，大国工匠，1983 年从中国空空导弹研究院技工学校毕业后分配到研究院十一车间当钳工。1986 年，研究院引进了大量数控设备，十一车间也成立了专门的数控班。鲁宏勋下苦功自学英语和计算机技术，曾一举创造出"三个第一"：在数控机床上编出了研究院第一个加工程序，加工出了第一个数控加工零件，成为研究院第一个较全面掌握数控机床操作、编程的技术工人。通过自学，鲁宏勋从一个普通技术工人成长为数控加工领域的专家，获得了我国技术工人的最高荣誉"中华技能大奖"。他爱动脑子，肯钻研，一点就透，干活有独到之处，先后设计和制造了上百台（套）工装夹具，编制了数以千计的数控加工程序，适应了研究院多品种、小批量、科研新产品多、单件产品多的生产特点，提高了数控加工效率。

他利用 3 年的业余时间，编写了 10 万字左右的《数控加工技术》。这本小册子成了工人在数控加工过程中遇到难题时的"金钥匙"。鲁宏勋运用自己探索出的"数控机床多零点自动计算方法"编制出多种软件程序，大大降低工装夹具制造成本和加工周期，每年节约工装夹具制造综合成本约 10 万元。

思考与练习

1．简述数控车床程序输入的步骤。

2．如何实现数控车床主轴的正反转？

任务 3.2　编写并模拟校验数控车床加工程序

任务目标

知识目标

● 掌握数控车床加工程序编写的基本要求。

● 掌握数控车床加工编程指令的选择与应用方法。

技能目标

● 能完成数控车床加工简单零件的程序编写。

● 能完成数控车床加工程序的模拟校验。

任务描述

数控车床的自动加工是按照特定的程序来实现的，通常将零件图样转化为特定程序的过程称为数控编程。数控编程分为手工编程和自动编程。手工编程是指从分析图样、确定工艺、计算数值、编写程序到程序的校验全部由人工完成。自动编程是指利用计算机专业软件编制加工程序，编程人员只需进行简单的设定和选择。本任务主要学习手工编程，并在数控车床上进行程序的校验。

在学习数控车床加工程序编制的过程中，学生应：

1）学习数控车床加工的编程指令、数控程序的编写格式，正确修改编写的数控车床加工程序。

2）对编写的数控车床加工程序进行模拟校验。

	数控车床的坐标系
	编写台阶轴轮廓加工程序
	编写台阶与圆弧轮廓加工程序
编写并仿真校验数控 车床加工程序	编写轮廓循环加工程序
	编写封闭轮廓复合循环加工程序
	编写切槽轮廓加工程序
	编写螺纹加工程序
	程序校验模拟

任务实施

3.2.1　数控车床的坐标系

1. 数控车床坐标系

数控车床坐标系的确定遵循"工件相对静止、刀具运动"的原则，并规定刀具远离工件的方向为正方向。

数控车床上的坐标系采用右手笛卡儿直角坐标系（图 3-6），其基本坐标轴为 X、Y、Z 坐标轴，大拇指的方向为 X 轴的正方向，食指的方向为 Y 轴的正方向，中指的方向为 Z 轴的正方向。图 3-7 所示为卧式数控车床的标准坐标系。

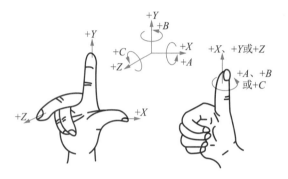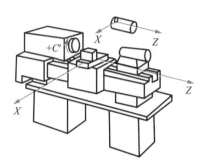

图 3-6　右手笛卡儿直角坐标系　　　　图 3-7　卧式数控车床的标准坐标系

2．工件坐标系

数控车床坐标系用于帮助机床生产商确定机床参考点，一般不直接用来编程。用

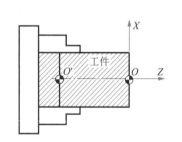

图 3-8　数控车床典型工件坐标系

于加工工件而使用的坐标系，称为工件坐标系，也称编程坐标系，如图 3-8 所示。工件坐标系是固定于工件上的笛卡儿坐标系，是编制程序时用来确定刀具和程序起点的坐标系。该坐标系的原点可以根据使用人员的具体情况确定，但坐标轴的方向应与数控车床坐标系一致。

3．数控车床加工程序的结构

数控车床加工程序组成结构为：程序开始符＋程序号＋程序主体＋程序结束＋程序结束符。例如：

```
N10   % (程序开始符)
N20   O0001; [ 程序号 ( 程序号由字母 "O" 加任意 4 位数字组成 ) ]
N30   M03 S600;
N40   T0101;
N50   G00 X45 Z2;
N60   …
N70   …
N80   …
N90   M30; [ 程序结束 (M30 或 M02) ]
N100  % (程序结束符)
```

程序主体（由多个程序段组成，包括需加工的零件参数和粗、精加工切削参数）

程序段组成：程序段号（N）＋准备功能字（G）＋坐标功能字（X/Z/U/W）＋进给功能字（F）＋主轴转速功能字（S）＋刀具功能字（T）＋辅助功能字（M）＋程序段

结束（LF）。例如：

N10 G01 X20 Z0 F0.1 S500 T0101 M03

3.2.2 编写台阶轴轮廓加工程序

一个台阶轴轮廓工件如图 3-9 所示。

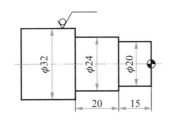

图 3-9 台阶轴轮廓

1. 相关指令格式及含义

在加工台阶轴轮廓时会用到以下相关指令。

（1）G00 快速定位指令

格式：G00 X(U)＿＿＿ Z(W)＿＿＿

说明：X、Z——绝对值终点坐标。

U、W——相对值终点坐标（增量坐标）。

两种编程方式可混用，如 G00 X50 W-5。

（2）G01 直线插补指令

格式：G01 X(U)＿＿＿ Z(W)＿＿＿ F＿＿＿

说明：X、Z——绝对值终点坐标。

U、W——相对值终点坐标（增量坐标）。

F——进给速度（mm/min 或 mm/r），由 G98、G99 指令进行设定。

2. 程序示例

台阶轴加工参考程序如下。

N10　%（程序开始符）
N20　O0001;（程序号）
N30　M03 S800;（主轴正转，转速 800r/min)
N40　T0101;（换 1 号刀具，执行 1 号刀补）
N50　G00 X35 Z2;（程序开始点）
N60　G01 X20 Z2 F0.1;(N60～N100 轮廓精加工程序）
N70　G01 X20 Z-15;
N80　G01 X24 Z-15;
N90　G01 X24 W-20;

N100　G01 X33 Z-35;

N110　G00 X100 Z100;（快速退刀）

N120　M30;（程序结束）

N130　%（程序结束符）

3.2.3　编写台阶与圆弧轮廓加工程序

一个台阶与圆弧轮廓工件如图 3-10 所示。

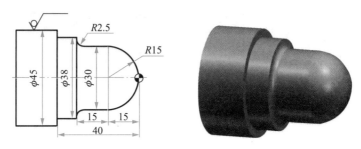

图 3-10　台阶与圆弧轮廓

1. 相关指令格式及含义

在加工台阶与圆弧轮廓时会用到以下相关指令。

格式：G02 X(U)＿＿＿Z(W)＿＿＿R＿＿＿F＿＿＿＿

G03 X(U)＿＿＿Z(W)＿＿＿R＿＿＿F＿＿＿

说明：G02——顺时针圆弧插补指令。

G03——逆时针圆弧插补指令。

X、Z——绝对值终点坐标。

U、W——相对值终点坐标（增量坐标）。

R——圆弧半径，当圆弧小于或等于半圆时 R 为正，当圆弧超过半圆时 R 为负，R 方式不能编写整圆。

F——插补进给速度。

顺圆弧、逆圆弧的判断如图 3-11 所示。圆弧半径正负的判断如图 3-12 所示。

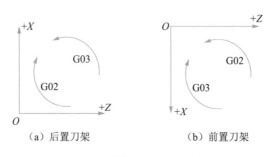

（a）后置刀架　　　　　　　（b）前置刀架

图 3-11　顺圆弧、逆圆弧的判断

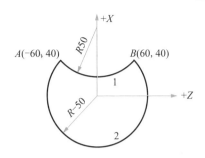

图 3-12　圆弧半径正负的判断

$(AB)_1$ 圆弧圆心角小于 $180°$，R 用正值表示；$(AB)_2$ 圆弧圆心角大于 $180°$，R 用负值表示

2. 程序示例

台阶与圆弧轮廓加工参考程序如下。

N10　%（程序开始符）

N20　O0002;（程序号）

N30　M03 S800;（主轴正转，转速 800r/min）

N40　T0101;（换 1 号刀，建立 1 号刀补）

N50　G00 X46 Z2;（快速定位点）

N60　G01 X0 Z2 F0.1;（离工件原点 Z 方向 2mm 处）

N70　Z0;（离工件原点 Z 方向 0mm 处）

N80　G03 X30 Z-15 R15;（插补逆时针圆弧，圆弧半径 15mm）

N90　G01 Z-27.5;（直线移动到 Z 负方向 27.5mm 处）

N100　G02 X35 W-2.5 R2.5;（插补顺时针圆弧，圆弧半径 2.5mm）

N110　G01 X38;（直线移动到 X 正方向 38mm 处）

N120　Z-40;（直线移动到 Z 负方向 40mm 处）

N130　X46;（直线移动到 X 方向 46mm 处）

N140　G00 X100 Z100;（快速退刀）

N150　M30;（程序结束）

N160　%（程序结束符）

3.2.4　编写轮廓循环加工程序

一个轮廓循环加工工件如图 3-13 所示。

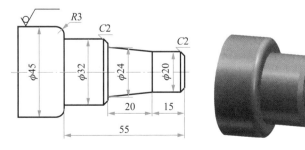

图 3-13　轮廓循环加工工件

1. 相关指令格式及含义

在循环加工工件的轮廓时会用到以下相关指令。

（1）G70 精加工复合循环指令

格式：G70 P____Q____F____

说明：P——精加工程序起始段号。

　　　Q——精加工程序结束段号。

　　　F——精加工进给速度。

（2）G71 外圆粗加工复合循环指令

格式：G71 U____R____

　　　G71 P____Q____U____W____F____

说明：U——直径方向每次切深，半径值。

　　　R——直径方向每次退刀量，半径值。

　　　P——精加工程序起始段号。

　　　Q——精加工程序结束段号。

　　　U——直径方向精加工余量，直径值。

　　　W——长度方向精加工余量。

　　　F——粗加工进给速度。

G71 粗加工复合循环路线如图 3-14 所示。

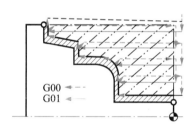

图 3-14　G71 粗加工复合循环路线

2. 程序示例

外径粗加工复合循环指令参考程序如下。

N10　%（程序开始符）

N20　O0003;（程序号）

N30　M03 S600;（主轴正转，转速 600r/min）

N40　T0101;（换 1 号刀，建立 1 号刀补）

N50　G00 X45 Z2 M08;（快速定位点）

N60　G71 U1 R1;（外圆粗加工循环指令）

N70　G71 P80 Q180 U0.8 W0 F0.2;（外圆粗加工循环指令）

N80　G00 X16 S1000;（快速定位到 X 正方向 16mm 处）

N90　G01 Z0;（离工件原点 Z 方向 0mm 处）

N100　X20 Z-2;（离工件原点 Z 负方向 2mm 处）

N110　Z-15;（直线移动到 Z 负方向 15mm 处）

N120　X24 Z-35;（直线移动到 X 正方向 24mm, Z 负方向 35mm 处）

N130　X28;（直线移动到 X 正方向 28mm 处）

N140　X32 W-2;（倒角 2mm）

N150　Z-55;（直线移动到 Z 负方向 55mm 处）

N160　X38;（直线移动到 X 正方向 38mm）

N170　G03 X44 Z-58 R3;（插补逆时针圆弧，圆弧半径 3mm）

N180　G01 X46;（走直线 46mm）

N190　G70 P60 Q160 F0.1;（精加工循环指令）

N200　G00 X100 Z100 M09;（快速退刀）

N210　M30;（程序结束）

N220　%（程序结束符）

3.2.5　编写封闭轮廓复合循环加工程序

一个封闭轮廓复合循环加工工件如图 3-15 所示。

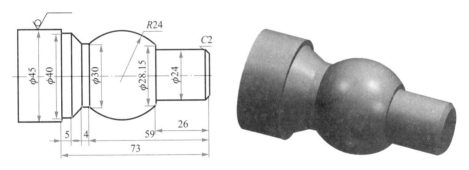

图 3-15　封闭轮廓循环加工工件

1. 相关指令格式及含义

在循环加工工件的封闭轮廓时会用到以下相关指令。

G73 为固定形状粗加工复合循环指令。

格式：G73 U____W____R____

　　　 G73 P____Q____U____W____F____

说明：U——直径方向总余量，半径值。

　　　 W——长度方向总余量。

　　　 R——粗加工循环次数。

　　　 P——精加工程序起始段号。

　　　 Q——精加工程序结束段号。

　　　 U——直径方向精加工余量，直径值。

　　　 W——长度方向精加工余量。

　　　 F——粗加工进给速度。

G73 粗加工复合循环路线如图 3-16 所示。

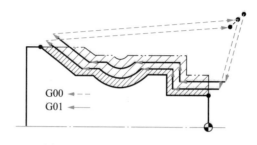

图 3-16　G73 粗加工复合循环路线

2. 程序示例

封闭轮廓复合循环指令加工参考程序如下。

N10　%（程序开始符）

N20　O0004;（程序号）

N30　M03 S600;（主轴正转，转速 600r/min）

N40　T0101;（换 1 号刀，建立 1 号刀补）

N50　G00 X45 Z2 M08;（快速定位点）

N60　G73 U12.5 R12;（固定循环 G73 指令）

N70　G73 P80 Q170 U0.8 W0 F0.2;（固定循环 G73 指令）

N80　G00 X20 S1000;（快速定位到 X 轴正方向 20mm 处）

N90　G01 Z0;（离工件原点 Z 方向 0mm 处）

N100　X24 Z-2;（直线移动到 X 方向 24mm，Z 负方向 2mm 处）

N110　Z-26;（直线移动到 Z 负方向 26mm 处）

N120　X28.15;（直线移动到 X 方向 28.15mm，Z 负方向 26mm 处）

N130　G03 X30 Z-59 R24;（插补逆时针圆弧，圆弧半径 24mm）

N140　G01 W-4;（直线移动到 Z 负方向 64mm 处）

N150　X40 Z-68;（直线移动到 X 方向 40mm，Z 负方向 68mm 处）

N160　Z-73;（直线移动到 Z 负方向 73mm 处）

N170　X46;（直线移动到 X 方向 46mm，Z 负方向 73mm 处）

N180　G70 P60 Q150 F0.1;（精加工循环）

N190　G00 X100 Z100 M09;（快速退刀）

N200　M30;（程序结束）

N210　%（程序结束符）

3.2.6　编写切槽轮廓加工程序

一个切槽轮廓加工工件如图 3-17 所示。

1. 相关指令格式及含义

在加工工件的切槽轮廓时，会用到如下指令。

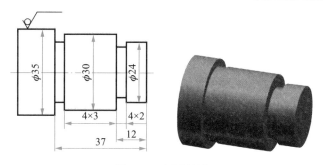

图 3-17　切槽轮廓

G04 为暂停指令。

格式：G04　X____ 或 G04　P____

说明：G04——暂停指令，可用于光整槽底。

　　　　X——暂停时间（s）。

　　　　P——暂停时间（ms）。

2. 程序示例

切槽轮廓加工参考程序如下。

```
N10　%（程序开始符）
N20　O0005;（程序号）
N30　M03 S600;（主轴正转，转速 600r/min）
N40　T0101;（换 1 号刀，建立 1 号刀补）
N50　G00 X32 Z-12 M08;（快速定位到 X 正方向 32mm，Z 负方向 12mm 处）
N60　G01 X20 F0.12;（直线移动到 X 正方向 20mm，Z 负方向 12mm 处）
N70　G04 X0.5;（暂停 0.5s）
N80　X36 F0.3;（退刀）
N90　G00 Z-37;（直线移动到 Z 负方向 37mm 处）
N100　G01 X24 F0.12;（直线移动到 X 正方向 24mm，Z 负方向 37mm 处）
N110　G04 P500;（暂停 0.5s）
N120　X36 F0.3;（退刀）
N130　G00 X100 Z100 M09;（快速退刀）
N140　M30;（程序结束）
N150　%（程序结束符）
```

3.2.7　编写螺纹加工程序

一个螺纹轮廓加工工件如图 3-18 所示。

1. 相关指令格式及含义

在加工工件的螺纹轮廓时，会用到如下加工指令。

G92 为螺纹车削循环指令。

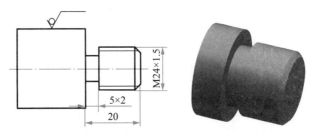

图 3-18　螺纹轮廓

格式：G92 X(U)＿＿＿Z(W)＿＿＿R＿＿F＿＿＿

说明：X、Z——绝对值终点坐标。

U、W——相对值终点坐标（增量坐标）。

R——锥螺纹起点坐标与终点坐标的半径差，直螺纹 R 为 0 时，省略不写。

F——螺距（导程）。

2. 程序示例

螺纹轮廓加工参考程序如下。

N10　%（程序开始符）

N20　O0006;（程序号）

N30　M03 S600;（主轴正转，转速 600r/min）

N40　T0101;（换 1 号刀，建立 1 号刀补）

N50　G00 X26 Z3 M08;（快速定位点）

N60　G92 X23.3 Z-16 F1.5;（螺纹循环指令）

N70　X22.9;（X 正方向 22.9mm）

N80　X22.5;（X 正方向 22.5mm）

N90　X22.4;（X 正方向 22.4mm）

N100　X22.35;（X 正方向 22.35mm）

N110　X22.35;（X 正方向 22.35mm）

N120　G00 X100 Z100 M09;（快速退刀）

N130　M30;（程序结束）

N140　%（程序结束符）

3.2.8　程序模拟校验

1. 程序编写

一个螺纹轮廓加工工件实例如图 3-19 所示。

2. 程序输入

先按数控车床控制操作面板上的 EDIT 键，再按系统操作面板上的 PROG 键，进入程序编辑界面，输入程序号 O0001，按 INSERT 键，完成新建程序。使用系统操作面板上的数字键、字母键完成程序的输入。

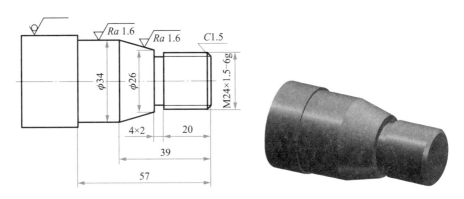

图 3-19　螺纹程序编写实例

```
N10 %
N20 O0001;
N30 M03 S600;
N40 T0101;(外轮廓粗加工)
N50 G0 X50 Z2 M08;
N60 G71 U1 R1;
N70 G71 P10 Q20 U0.8 W0 F0.2;
N80 N10 G0 X21;
N90 Z0;
N100 G01 X24 Z-1.5;
N110 Z-24;
N120 X34 Z-39;
N130 Z-57;
N140 N20 X50;
N150 G0 X100 Z100;
N160 M09;
N170 M05;
N180 M00;
N190 M03 S1000;
N200 T0202; (外轮廓精加工)
N210 G0 X50 Z2 M08;
N220 G70 P10 Q20 F0.15;
N230 G0 X100 Z100;
N240 M09;
N250 M05;
N260 M00;
N270 M03 S600;
N280 T0303;(切槽加工,槽刀宽 4 mm)
N290 G0 X30 Z2 M08;
N300 Z-24;
```

```
N310 G01 X20 F0.15;
N320 G00 X32;
N330 G0 X100 Z100;
N340 M09;
N350 M05;
N360 M00;
N370 M03 S1000;
N380 T0404;(螺纹加工)
N390 G00 X26 Z3 M08;
N400 G92 X23.3 Z-16 F1.5;
N410 X22.9;
N420 X22.5;
N430 X22.4;
N440 X22.35;
N450 X22.35;
N460 G00 X100 Z100 M09;
N470 M30;
N480 %
```

数控车床程序模拟

3. 程序模拟

先将机床调到手动模式，将 X 轴、Z 轴移至卡盘与尾座中间，然后按机床控制操作面板上的 MLK 键，再按机床控制操作面板上的 DRN 键，选择所要模拟的程序，将光标移动到程序开头，转换至自动模式，按机床控制操作面板上的 POWER ON 键开始程序图形模拟。这时，按系统操作面板上的 PROG 键来查看图形及刀路是否正确。

任务评价

通过以上内容的学习，要求学生能达到表 3-4 所示的要求。

表 3-4　数控车床程序模拟学习情况评价表

序号	评价项目	学生自评			教师评价		
		A	B	C	A	B	C
1	能正确编写程序						
2	能正确选用指令						
3	能合理选择切削参数						
4	能正确输入程序						
5	能正确模拟校验程序						
6	安全操作机床						

学生签名：_____　　　教师签名：_____

知识拓展

G72 指令介绍

除了轴类零件外，数控车床上还经常会加工很多盘类零件，如图 3-20 所示。盘类零件轴向尺寸短，加工盘类零件时，外径粗加工复合循环指令会因为切削刀数过多而降低效率，在编写盘类零件加工程序时，应当选用端面粗加工复合循环指令 G72。

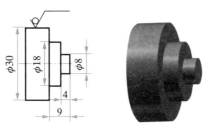

图 3-20　盘类零件

1. 相关指令格式及含义

G72 为端面粗加工复合循环指令。

格式：G72 W____R____

　　　G72 P____Q____U____W____F____

说明：W——每次切深。

　　　R——退刀量。

　　　P——精加工程序起始段号。

　　　Q——精加工程序结束段号。

　　　U——直径方向精加工余量，直径值。

　　　W——长度方向精加工余量。

　　　F——粗加工进给速度。

G72 端面粗加工复合循环路线如图 3-21 所示。

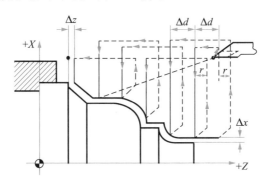

图 3-21　G72 端面粗加工复合循环路线

2. 程序示例

参考程序如下。

```
N10   %（程序开始符）
N20   O0007;（程序号）
N30   M03 S600;（主轴正转，转速600r/min）
N40   T0101;（换1号刀，建立1号刀补）
N50   G00 X32 Z2 M08;（快速定位点）
N60   G72 W1.5 R1;（端面循环指令）
N70   G72 P60 Q100 U1 W0 F0.2;（端面循环指令）
N80   G00 Z-9 S1000;（定位到Z负方向9mm处）
N90   G01 X18 F0.1;（直线移动到X正方向18mm，Z负方向9mm处）
N100  Z-4;（直线移动到Z负方向4mm处）
N110  X80;（直线移动到X正方向80mm处）
N120  G01 Z2;（直线移动到Z正方向2mm处）
N130  G70 P60 Q100 F0.1;（精加工循环指令）
N140  G00 X100 Z100 M09;（快速退刀）
N150  M30;（程序结束）
N160  %（程序结束符）
```

📇 课外阅读

世界技能大赛金牌得主代表——张志坤

张志坤1995年出生在广东省普宁市。从一个老师眼里的"差生"到如今广东省机械技师学院教师兼教练、第43届世界技能大赛 ① 数控铣项目金牌获得者、第46届世界技能大赛申办形象大使、中国最年轻的国务院特殊津贴专家、数控铣高级技师、全国技术能手。张志坤用自己不懈的努力，弘扬工匠精神，助力中国制造走向世界。

✏ 思考与练习

如图3-22所示，编写粗加工、精加工程序，并进行程序仿真校验。

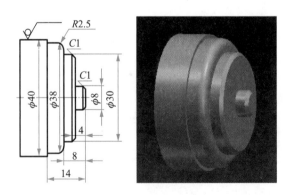

图3-22　端面粗加工循环指令样例

---

① 世界技能大赛由世界技能组织每两年举办一届，是当今世界地位最高、规模最大、影响力最广的职业技能竞赛，其竞技水平代表了各领域职业技能发展的世界水平，是世界技能组织成员展示和交流职业技能的重要平台。

任务 3.3　认识数控铣床操作面板

任务目标

知识目标

- 掌握数控铣床系统操作面板各按键的含义。
- 掌握数控铣床控制操作面板各按键的含义。

技能目标

- 能用数控铣床系统操作面板上的各按键完成铣床的基本操作。
- 会用数控铣床控制操作面板上的各按键输入程序。

任务描述

　　FANUC 数控铣床控制面板由系统操作面板和控制操作面板组成。本任务要求掌握数控铣床操作面板的基本功能和相关操作。在学习数控铣床操作面板的过程中，学生应对数控铣床操作面板中每个按键的含义有深刻理解。

认识数控铣床操作面板	FANUC 数控铣床的系统操作面板
	FANUC 数控铣床的控制操作面板

任务实施

3.3.1　FANUC 数控铣床的系统操作面板

　　数控铣床系统操作面板包括显示器、软键、MDI 键盘三个单元，结合 MDI 键盘操作常用功能键，可观察显示屏内呈现的数据信息。FANUC 的系统操作面板如图 3-23 所示。

图 3-23　FANUC 数控铣床系统操作面板

1. 系统上电

1）打开机床电源开关。

2）按机床面板电源区的绿色标有 ON 的按钮，起动系统电源。

3）将红色的紧急停止旋钮按顺时针方向旋起。

4）按 MDI 键盘上的 RESET 键，消除显示报警状态。

2. MDI 键盘

MDI 键盘用于用户输入数控指令，这是数控系统最主要的指令输入方式。

表 3-5 为 MDI 键盘上各键的说明。

表 3-5　MDI 键盘上各键的说明

按键图示	按键名称	按键功能
RESET	复位键	此键可以使数控机床复位或取消报警等
HELP	帮助键	当不了解按键的功能时，按此键可以获取帮助信息（帮助功能）
R G　A♪7	字符和数字键	按这些键可以输入字母、数字或其他字符
↑SHIFT	换挡键	在该键盘上，有些键具有两个功能。按 SHIFT 键可以在这两个功能之间进行切换
→INPUT	输入键	当按一个字母键或数字键时，再按该键即可将数据输入缓冲区，并且显示在屏幕上。要将输入缓冲区的数据复制到偏置寄存器中，应按此键
/CAN	取消键	此键将取消最后一个进行输入缓冲区的字符或符号的输入。若显示屏上显示为"N001X00Z"，当按此键时，Z 被取消并且显示为"＞N001X100-"
ALTER　INSERT　DELETE	程序编辑键	按 ALTER 键、INSERT 键、DELETE 键可进行程序编辑
POS　PROG　OFS SET　SYSTEM　MESSAGE　CSTM GRPH	功能键	按 POS 键可以显示位置屏幕 按 PROG 键可以显示程序屏幕 按 OFS SET 键可以显示偏置设置（SETTING）屏幕 按 SYSTEM 键可以显示系统屏幕 按 MESSAGE 键可以显示信息屏幕 按 GRPH 键可以显示图形 按 CSTM 键可以显示用户宏屏幕（宏程序屏幕），如果是带有个人计算机功能的数控机床系统，则这个键相当于个人计算机上的 Ctrl 键

续表

按键图示	按键名称	按键功能
← ↑ ↓ →	光标移动键	→：用于将光标向右或向前移动； ←：用于将光标向左或往回移动； ↑：用于将光标向上移动； ↓：用于将光标向下移动
PAGE↑ PAGE↓	翻页键	用于将屏幕显示的界面向上、向下翻页

3. 软键

该部分位于显示屏下方，除了左右两个箭头键外，其他五个软键键面上没有任何标志，各键的功能被显示在显示屏下方的对应位置，并随着显示屏的界面的不同而有着不同的功能。

若要在屏幕上显示更详细的信息，则可以按功能键后再按相应软键。另外，软键也用于实际操作。下面各图标说明了按功能键后软键在显示屏幕上的变化情况。

▭：显示的屏幕。

▬：表示通过按功能键而显示的屏幕。

[　　]：表示一个软键。

（　　）：表示由 MDI 键盘进行输入。

[＿＿＿]：表示一个显示为绿色的软键。

▭▷：表示菜单继续键（最右边的软键）。

说明：

1）按功能键后，软键常用于屏幕之间的切换。

2）根据配置的不同，有些软键并不显示。

3）在某些情况下，当应用软键时菜单前进键被忽略。软键扩展键如图 3-24 所示。

图 3-24　软键扩展键

软键的一般操作如下。

1）按 MDI 键盘上的任意功能键，属于所选功能的章节软键就会显示出来。

2）按其中一个章节选择键，则所选章节的屏幕就会显示出来。如果有关一个目标章节的屏幕没有显示出来，则应按菜单继续键（下一个菜单键）。在某些情况下，还可以利用软键选择一章中的附加章节。

3）当目标章节屏幕显示后，按操作选择键，以显示要进行操作的数据。

4）为了重新显示章节选择软键，可以按菜单返回键。

以上内容说明了通用的屏幕显示过程，而屏幕的实际显示过程，每一屏幕显示都不一样。例如，按功能键 POS 可以显示刀具的当前位置。数控系统用以下三种界面来显示刀具的当前位置：绝对坐标系位置显示界面、相对坐标系位置显示界面、综合位置显示界面。

以上三种界面中也可以显示进给速度、运行时间和加工的零件数。此外，可以在相对坐标系界面中设定浮动参考点。图 3-25 所示为按 POS 键时显示屏幕界面的切换，同时显示了每一界面的子界面。

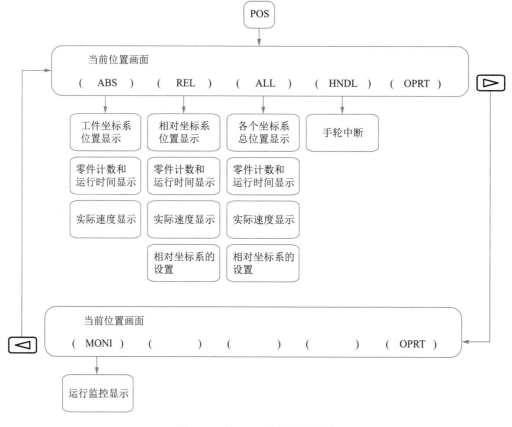

图 3-25　按 POS 键的显示画面

下面介绍常用绝对坐标系位置显示界面（ABS），如图 3-26 所示。该界面是按 POS 键和 ABS 软键后的显示界面。

4. 输入暖机程序

暖机程序如下：

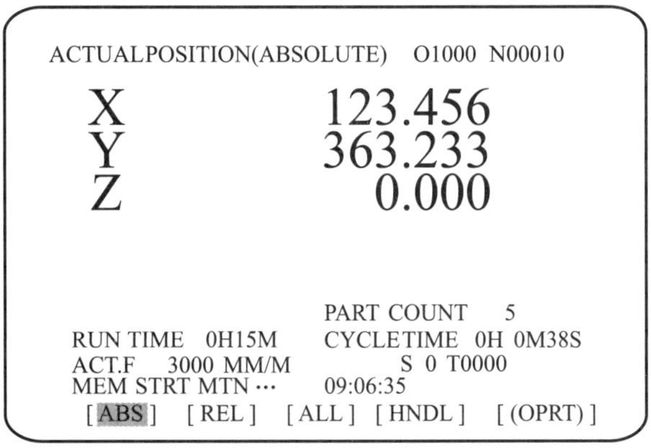

```
ACTUALPOSITION(ABSOLUTE)    O1000  N00010
X                     123.456
Y                     363.233
Z                       0.000


                            PART COUNT    5
RUN TIME   0H15M        CYCLETIME  0H 0M38S
ACT.F    3000 MM/M            S 0 T0000
MEM STRT MTN …         09:06:35
   [ ABS ]   [ REL ]   [ ALL ]   [ HNDL ]   [ (OPRT) ]
```

图 3-26　绝对坐标系位置显示画面

N10　%（程序开始符）

N20　O0100;（程序号）

N30　M03　S300;（主轴正转，转速 300r/min）

N40　G91 G30 X0 Y0 Z0;（自动返回参考点）

N50　X-150.0　Y-150.0 Z60.0;（X 轴、Y 轴离开参考点 150mm，Z 轴返回参考点 60mm）

N60　G04 X10.0;（暂停 10s）

N70　G00　X150.0　Y150.0　Z60.0;（当前点向 X 轴、Y 轴返回 150mm，Z 轴离开参考点
　　　　　　　　　　　　　　　　60mm）

N80　G04 X10.0;（暂停 10s）

N90　M99;（返回程序头后程序又开始运行）

N100　%（程序结束符）

程序的输入与运行过程如下：

1）把上述暖机程序通过 MDI 键盘输入机床。

2）运行暖机程序。

① 选择自动模式。

② 选择 O0100 程序。

③ 按循环起动键，程序运行。

3.3.2　FANUC 数控铣床的控制操作面板

机床控制操作面板由机床厂家配合数控系统自主设计，在控制操作面板上设置了电源控制区、工作方式、主轴与进给倍率旋钮、主轴正反转按键等。图 3-27 所示为数控铣床控制操作面板示例。

对于配备 FANUC 系统的数控铣床来说，机床控制操作面板上除了部分按键的位置不相同外，其他操作是一样的。

1. 按键介绍

数控铣床控制操作面板上各旋钮和按键的说明如表 3-6 所示。

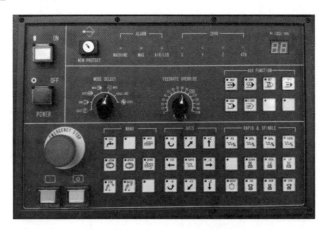

图 3-27　数控铣床控制操作面板示例

表 3-6　数控铣床控制操作面板上各旋钮与按键的说明

图示	名称	功能
MODE SELECT	样式选择旋钮	EDIT：旋钮处于编辑模式。配合 MDI 键盘，完成程序的输入、编辑和删除等操作
MODE SELECT		REMOTE：旋钮处于在线加工（DNC）模式。在此模式下，可一边传输程序，一边进行加工。利用此模式可解决机床的内存不能容纳 250KB 以上程序的问题
MODE SELECT		AUTO：旋钮处于自动模式，运行现有的程序
MODE SELECT		MDI：旋钮处于手动数据输入模式。在此模式下，配合 MDI 键盘输入单步、少量，且不用保存的程序，如主轴正、反转程序，切削液开、关程序，运行单步程序等
MODE SELECT		HANDLE：旋钮处于手轮，或称 MPG 模式。在此模式下，配合手轮完成 X 轴、Y 轴、Z 轴的轴向运动
MODE SELECT		JOG：旋钮处于手动模式。在此模式下，配合 X 轴、Y 轴、Z 轴的轴向移动按钮，完成机床的机动操作

图示	名称	功能
 MODE SELECT	样式选择旋钮	REF：旋钮处于原点回归，或称 ZERO 模式。在此模式下，配合 X 轴、Y 轴、Z 轴的轴向移动按钮，完成原点回归操作
 FEEDRATE OVERRIDE	进给速率调节旋钮（FEEDRATE OVERRIDE）	在自动（AUTO）或 MDI 模式下，调节范围为程序给定 F 值的 0 ~ 150%
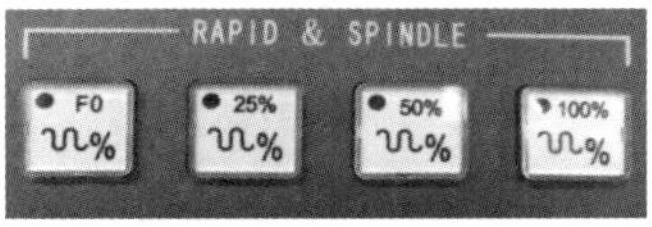 RAPID & SPINDLE	快速进给速率调节键（RAPID & SPINDLE）	此类键在快速机动模式下使用
 ON OFF POWER	电源开关	系统需上电时，按 ON 键；系统需断电时，按 OFF 键
 DOWN 100% UP	主轴转速调节键	调节范围为 50% ~ 120%
 CW STOP CCW	主轴旋转按钮	从左到右依次为主轴正转、主轴停止和主轴反转。注意，只能在快速移动、机动、手轮和原点回归这四个模式下使用
 EMERGENCY STOP	紧急停止旋钮（EMERGENCY STOP）	当有紧急情况时（如机床撞刀），转动紧急停止旋钮可使机械动作全部停止，确保操作人员和机床的安全。处于紧急停止状态时，主轴移动停止、轴向移动停止、液压装置停止运行、刀库停止运行、切削液停止流动、铁屑机停止运行、防护门互锁
 COOL	切削液开启控制键	按下此键，切削液开；再按一次，切削液关
 ORIENT	主轴定位键	按一次该键，主轴完成定位。该指令用于精密镗孔前的准备工作，在需要主轴定位的情况下使用该键
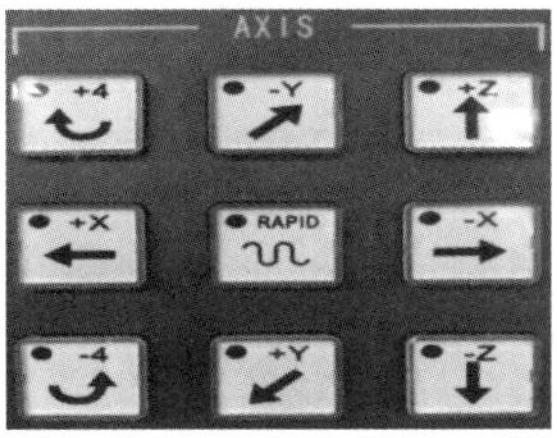 AXIS	各轴移动方向键	在快速机动模式或机动模式下使用。按相应键，即按进给方向移动相应坐标轴；松开该键，相应轴停止移动。同时按下"＋""－"方向键，相应轴不动

续表

图示	名称	功能
	程序起动键 （CYCLE START）	按该键，程序将自动执行
	程序暂停键 （FEED HOLD）	按该键，按键指示灯亮，程序执行暂停。如果要继续执行程序，则按"程序起动"键；如果不继续执行程序，则按 RESET 键
SBK	单步运行模式键	按该键，按键指示灯亮，程序执行一个程序段后，将暂停，等待用户按程序起动键之后，执行下一个程序段。该功能一般在调试程序时使用
DRN	空运行模式键	按该键，按键指示灯亮，程序执行时，将忽略程序中设定的 F 值，而按进给速率调节旋钮指示的数字进给
BDT	单端忽略模式键	按该键，按键指示灯亮，程序执行时，将忽略以"/"开头的程序段
Z LOCK	Z 轴锁定键	按此键，Z 轴不能移动
ATCW ATCCW	刀库正转与反转键	先按刀库手动键，再按刀库自动正转、反转键，实现刀库正、反转
ALARM MACHINE MAG AIR/LUB	状态显示键	状态显示：气压、润滑油、自动冷却、主轴定向、换刀、程序报警等
MLK	机械锁定键	按该键，按键指示灯亮，机械运动被锁定。再次按该键，取消机械锁定
No. TOOL	主轴刀具号 显示灯	若显示"01"，则表示主轴上的刀具为 T01，依此类推
ZERO X Y Z 4TH	原点指示灯	X 轴回原点时，X 轴指示灯闪烁，到原点位置时，灯亮。其他轴向的指示灯与 X 轴指示灯一样，这里不再赘述
MEM PROTECT	程序保护钥匙	当钥匙置"1"时，不可以对程序进行编写修改；当钥匙置"0"时，可以对程序进行编写修改

2. *X、Y、Z 轴的移动*

通过 *X、Y、Z* 轴按键或手轮控制 *X、Y、Z* 轴移动是数控铣床上的常用操作，主要用于调整主轴与工作台位置、零件加工前的对刀、仿真等。

（1）按键控制工作台面移动

1）关闭安全防护门，通过有机玻璃防护门观察工作台的移动状态。

2）将机床控制操作面板模式选择旋钮旋至 JOG 位置。

3）按"+X"或"-X"键，观察工作台的移动方向。

4）同时按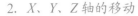和"+X"或"-X"键，观察工作台的移动速度与移动过程有什么区别。*Y* 轴、*Z* 轴操作同 *X* 轴，这里不再赘述。

（2）手轮控制工作台移动

手轮发生器（图 3-28）有两个旋钮：一个是轴旋钮，分别是 OFF、X、Y、Z、4；另一旋钮是挡位值，X1 表示每拨动一个刻线则对应轴移动 0.001mm，X10 表示每拨动一个刻线则对应轴移动 0.01mm，X100 表示每拨动一个刻线则对应轴移动 0.1mm。

1）关闭安全防护门，通过有机玻璃防护门观察工作台移动状态。

2）将机床控制操作面板模式选择旋钮旋至手轮模式。

3）将手轮旋至 *X* 轴位置，分别旋至 X1、X10、X100 挡位，观察工作台移动速度。

4）将手轮旋至 *Y* 轴位置，分别旋至 X1、X10、X100 挡位，观察工作台移动速度。

图 3-28　手轮发生器

5）将手轮旋至 *Z* 轴位置，分别旋至 X1、X10、X100 挡位，观察工作台移动速度。

3. *机床回参考点操作*

数控铣床开机后，在进行加工前需要执行回参考点操作，使工作台移动至机床坐标系位置。

1）关闭安全防护门，通过有机玻璃防护门观察工作台移动状态。

2）将机床控制操作面板方式旋钮旋至回参考点位置。

3）分别按"+Z""+X""+Y"键，观察工作台、主轴的运动。

4）*X、Y、Z* 轴回零后控制面板上的指示灯亮。

⊟ 任务评价

通过以上内容的学习，要求学生能达到表 3-7 所示的要求。

表 3-7　数控铣床操作面板学习情况评价表

序号	评价项目	学生自评			教师评价		
		A	B	C	A	B	C
1	能正确使用 MDI 键盘						
2	能正确操作机床操作面板按钮						
3	能仿真校验加工程序						
4	会正确开机						
5	会运行程序						
6	学习态度是否积极主动						
7	是否服从教师的教学安排和管理						
8	着装是否符合标准						
9	是否遵守学习场所的规章制度						

学生签名：_____　　教师签名：_____

知识拓展

数控系统及厂家简介

数控系统是数控机床的核心。数控机床根据功能和性能要求配置不同的数控系统。系统不同，其指令代码也有所差别。因此，编程时应按所使用数控系统代码的编程规则进行编程。

FANUC（日本法那科）、SIEMENS（德国西门子）、FAGOR（西班牙发格）、HEIDENHAIN（德国海德汉）、MITSUBISHI（日本三菱）等数控系统及相关产品，在数控机床行业占据主导地位；我国数控产品以华中数控、广州数控、航天数控为代表。

1. FANUC 公司

FANUC 公司创建于 1956 年，1959 年首先推出了电液步进电动机，在后来的若干年中逐步发展并完善了以硬件为主的开环数控系统。进入 20 世纪 70 年代，微电子技术、功率电子技术、计算技术得到了飞速发展，FANUC 公司毅然舍弃了使其发家的电液步进电动机数控产品，从 GETTES 公司引进直流伺服电动机制造技术。1976 年，FANUC 公司研制成功数控系统 5，随后又与 SIEMENS 公司联合研制了具有先进水平的数控系统 7。FANUC 公司正逐步发展成为世界上最大的专业数控系统生产厂家。

国内销售的 FANUC 数控系统主要有如下系列。

（1）FANUC 0 系统

FANUC 0 系统有三种系列。

Power Mate 0 系列：用于控制两轴小型车床，取代步进电动机的伺服系统，可配 CRT/MDI 和 DPL/MDI。

普及型 CNC 0-D 系列：0-TD 用于车床；0-MD 用于铣床及小型加工中心；0-GCD 用于圆柱磨床；0-GSD 用于平面磨床；0-PD 用于冲床。

全功能型 0-C 系列：0-TC 用于通用车床、自动车床；0-MC 用于铣床、钻床、加工中心；

0-GCC 用于内、外圆磨床；0-GSC 用于平面磨床；0-TTC 用于双刀架四轴车床。

（2）FANUC 0i 系统

FANUC 0i 系统性价比高，0i-MB/MA 用于加工中心和铣床，四轴四联动；0i-TB/TA 用于车床，四轴二联动；0i-Mate MA 用于铣床，三轴三联动；0i-Mate TA 用于车床，二轴二联动。

（3）FANUC 16i/18i/21i 系统

FANUC 16i/18i/21i 系统性能比较高，控制单元与液晶显示器集成于一体，具有网络功能，超高速串行数据通信。其中，l6i-MB 的插补、位置检测和伺服控制以 nm 为单位。16i 最多可控制八轴，六轴联动；18i 最多可控制六轴，四轴联动；21i 最多可控制四轴，四轴联动。

2. SIEMENS 公司

SIEMENS 公司创建于 1847 年。自 1906 年生产出第一台吸尘器至今，SIEMENS 公司一直以为亿万家庭提供优质产品而享誉国际家电产业。常见的 SIEMENS 数控系统有 SINUMERIK 840C 系统、SINUMERIK 802S/C 系统、SINUMERIK 802D 系统、SINUMERIK 840D/840Di 系统、SINUMERIK 810D 系统等。

国内销售的 SIEMENS 数控系统主要有如下系列。

1）SINUMERIK 802S/C：用于车床、铣床等，可控制三个进给轴和一个主轴，802S 适用于步进电动机驱动，802C 适用于伺服电动机驱动，具有数字 I/O 接口。

2）SINUMERIK 802D：控制四个数字进给轴和一个主轴，PLC I/O 模块，具有图形式循环编程，车削、铣削／钻削工艺循环，FRAME（包括移动、旋转和缩放）等功能，为复杂加工任务提供智能控制。

3）SINUMERIK 810D：用于数字闭环驱动控制，最多可控制六轴（包括一个主轴和一个辅助主轴），紧凑型可编程输入或输出。

4）SINUMERIK 840D：全数字模块化数控设计，用于复杂机床、模块化旋转加工机床和传送机，最多可控制 31 个坐标轴。

课外阅读

世界技能大赛金牌得主代表——张志斌

张志斌，1996 年出生在广东省普宁市，2012 年入读广东省机械技师学院加工中心专业。2014 年 5 月获得第 43 届世界技能大赛塑料模具工程项目广东省选拔赛第一名。2014 年 7 月获得第 43 届世界技能大赛塑料模具工程项目全国选拔赛第一名，进入国家集训队。2017 年 6 月，张志斌获得第 44 届世界技能大赛塑料模具工程项目二进一选拔赛第一名。

思考与练习

本任务讲述了数控铣床操作面板的操作过程，因为各学校的机床不一样，所以操作时会与教材所述有一定的差别，结合本学习内容找出各自的差别。

任务 3.4　编写并校验数控铣床加工程序 ——

任务目标

知识目标

● 掌握数控铣床加工程序编写的基本要求。

● 掌握数控铣床加工编程指令的选择与应用方法。

技能目标

● 能完成数控铣床简单零件加工程序的编写。

● 能完成数控铣床加工程序的模拟校验。

任务描述

常见的数控机床除了数控车床外还有数控铣床，数控铣床相对于数控车床在 X 轴、Z 轴的基础上又增加了一个 Y 轴，并由 X 轴、Y 轴组成了编程的基本平面。编程的原理和方法、指令、程序的仿真校验方法与数控车床基本相同。下面介绍数控铣床的指令、程序输入与模拟方法。本任务要求学生学会正确编写数控铣床程序，并在数控铣床上进行模拟校验。

在学习数控铣床加工程序编制的过程中，学生应：

1）学习数控铣床加工的编程指令、数控程序的编写格式，正确修改编写的数控铣床加工程序。

2）对编写的数控铣床加工程序进行模拟校验。

编写并校验数控铣床 加工程序	数控铣床编程的相关知识
	编写外轮廓加工程序
	编写内轮廓加工程序
	编写孔类加工程序
	综合实例模拟加工

任务实施

3.4.1　数控铣床编程的相关知识

1. 机床坐标系和工件坐标系

数控铣床机床坐标系采用右手笛卡儿直角坐标系。图 3-29 所示为立式数控铣床机床坐标系，数控铣床的主轴为 Z 轴（无论哪种机床，与主轴轴线平行的坐标轴即为 Z 轴），远离工作台的方向为正方向。根据右手笛卡儿坐标系规则，左右方向确定为数控铣床的 X 轴，前后方向确定为数控铣床的 Y 轴。

数控铣床典型工件坐标系如图 3-30 所示。

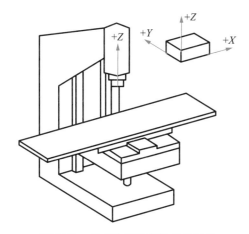

图 3-29 立式数控铣床机床坐标系

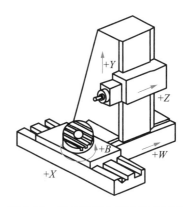

图 3-30 数控铣床典型工件坐标系

2. 编程规则

（1）编程平面选择

数控铣床由 X、Y、Z 三个坐标轴组成，如图 3-31 所示，两个不同的坐标轴组成了一个平面，共有 XY、XZ、YZ 三个平面。因此，在开始编程前需要选定一个平面作为编程平面，一般立式数控铣床默认采用 XY 平面作为编程平面。G17、G18 和 G19 分别是平面选择指令。

（2）编程坐标系选择

为了方便程序编写，一般不会采用机床坐标系直接进行编程，而会通过人工设定一个工件坐标系来进行编程。在编写某些较复杂的零件时，一个坐标系不足以简化计算，这时通常在一个程序内可设定多个工作坐标系，达到最大程度简化计算和编程的目的。一般立式数控铣床默认采用工件第一坐标系进行编程。立式数控铣床工件坐标系与机床坐标系的对应关系如图 3-32 所示。

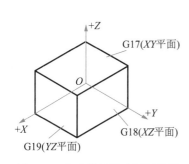

图 3-31 立式数控铣床平面选择

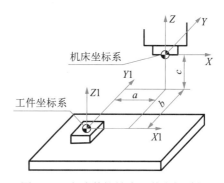

图 3-32 立式数控铣床工件坐标系与
机床坐标系的对应关系

各指令对应的坐标系如下。

G53：机床坐标系（取消工件坐标系选择）。

G54：工件第一坐标系。

G55：工件第二坐标系。

G56：工件第三坐标系。

G57：工件第四坐标系。

G58：工件第五坐标系。

G59：工件第六坐标系。

（3）绝对坐标与增量坐标的选择

与数控车床不同，数控铣床需要在编程前设置是采用绝对坐标编程还是增量坐标编程。在不设定的情况下，系统一般默认采用绝对坐标方式编程。

绝对坐标：用 G90 来表示。程序中坐标功能字后面的坐标以编程原点作为基准，表示刀具终点的绝对坐标。

绝对值编写指令格式：G90 X____Y____Z____

绝对坐标编程如图 3-33 所示。

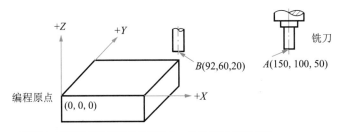

铣刀由A点移动至B点用绝对值表示：G90 X92 Y60 Z20;

图 3-33　绝对坐标编程

相对坐标：用 G91 来表示。程序中坐标功能字后面的坐标以刀具起点作为基准，表示刀具终点相对于刀具起点坐标值的增量。

增量值编写指令格式：G91 X____Y____Z____

增量坐标编程如图 3-34 所示。

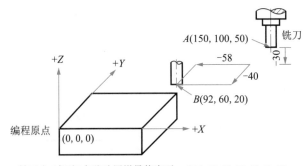

铣刀由A点至B点移动用增量值表示：G91 X-58 Y-40 Z-30;

图 3-34　增量坐标编程

（4）左右刀具半径补偿选择

数控铣床在加工过程中，控制的是刀具中心的轨迹，同时为了方便编程，总是按照零件轮廓来编制加工程序。因此，在进行内轮廓加工时，刀具中心必须向零件的内侧偏移一个刀具半径值；在进行外轮廓加工时，刀具中心必须向零件的外侧偏移一个刀具半径值，否则加工的零件轮廓大小将与实际不符。因此，在编写轮廓前需要选择刀具半径补偿方向。左右刀具半径补偿判断如图 3-35 所示。

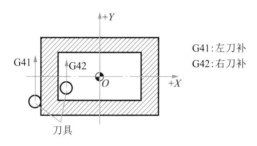

图 3-35 左右刀具半径补偿判断

刀具半径补偿指令如下。

G40：取消刀具半径补偿指令。

G41：刀具半径左补偿指令。

G42：刀具半径右补偿指令。

格式：G41(G42) D____

说明：D——刀具半径补偿代号字地址。

注意：

1）半径补偿模式的建立与取消程序段在 G00 或 G01 移动指令模式下才有效。

2）为保证刀补建立与刀补取消时刀具与工件的安全，通常采用 G01 运动方式来建立或取消刀补。

3）左右补偿判断：在补偿平面外垂直于补偿平面的那个轴的正方向，沿刀具的移动方向看，当刀具处在切削轮廓左侧时称为刀具半径左补偿；当刀具处在切削轮廓的右侧时称为刀具半径右补偿。

（5）刀具长度补偿选择

数控铣床上每一把刀具的长度都是不同的，且相差较大。例如，要在铣好的凸台上进行钻孔，铣刀的长度明显比钻头要短。如果不进行补偿，按照铣刀的长度来进行编程就会发生碰撞，从而导致安全生产事故发生。此时，如果设定了刀具补偿，即使铣刀和钻头长度不同，因为补偿的存在，在调用钻头加工时，零点 Z 坐标已经自动向 $Z+$（或 $Z-$）补偿了长度，以保证加工零点的正确性。相关指令如下。

G43：刀具长度正补偿指令。

G44：刀具长度负补偿指令。

G49：取消刀具半径补偿指令，也可使用 H00。

格式：G43(G44)H____

说明：H——刀具长度补偿代号字地址。

执行 G43 时：

$$Z \text{ 实际值} = Z \text{ 指令值} + (H \times \times)$$

执行 G44 时：

$$Z \text{ 实际值} = Z \text{ 指令值} - (H \times \times)$$

刀具长度补偿如图 3-36 所示。

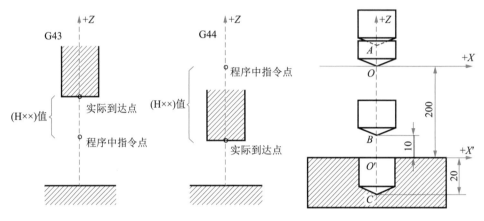

图 3-36　刀具长度补偿

注意：

1）为避免产生混淆，通常采用 G43 而非 G44 指令格式进行刀具长度补偿的编程。

2）G43、G44 的撤销可以使用 G49 指令或选择 H00。

3）G49 用于取消 G43（G44）指令，一般情况下不必使用这个指令，因为每把刀具都有自己的长度补偿。当换刀时，利用 G43（G44）H 指令赋予了该刀具自己的长度补偿而自动取消了前一把刀具的长度补偿。

4）（H××）是指 ×× 寄存器中的补偿量，其值可以是正值也可以是负值。当长度补偿量取负值时，G43 和 G44 的功能将互换。

3.4.2　编写外轮廓加工程序

工件外轮廓加工图如图 3-37 所示。

1. 相关指令格式及含义

加工工件的外轮廓时，相关指令如下。

（1）G00 快速定位指令

格式：G00 X____Y____Z____

说明：X、Y、Z——终点坐标。G00 指令使刀具相对于工件从当前位置以各轴预先设定的快移进给速度移动到程序段所指定的下一个定位点，G00 指令中的快移进给速度由机床参数对各轴分别设定，不能用程序规定。由于各轴以各自速度移动，不能保证各轴同时到达终点，因此联动直线轴的合成轨迹并不总是直线，快移进给速度可由操作面板上的进给速率调节旋钮修正。G00 一般用于加工前快速定位或加工后快速退刀。G00 为模态功能，可由 G01、G02、G03 或 G33 功能注销。

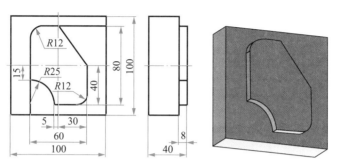

图 3-37　外轮廓加工图

（2）G01 直线插补指令

格式：G01 X＿＿Y＿＿Z＿＿F＿＿

说明：X、Y、Z——终点坐标。

F——进给速度（mm/min 或 mm/r），由 G94、G95 指令进行设定。

G01 指令使刀具从当前位置以联动的方式，按程序段中 F 指令规定的合成进给速度，按合成的直线轨迹移动到程序段所指定的终点，实际进给速度等于指令速度 F 与进给速度修调倍率的乘积，G01 和 F 都是模态代码，如果后续的程序段不改变加工的线形和进给速度，可以不再书写这些代码，G01 可由 G00、G02、G03 或 G33 功能注销。

（3）G02/G03 圆弧插补指令

格式：G02 X＿＿Y＿＿I＿＿J＿＿F＿＿或 G02 X＿＿Y＿＿R＿＿F＿＿

　　　G03 X＿＿Y＿＿I＿＿J＿＿F＿＿或 G03 X＿＿Y＿＿R＿＿F＿＿

说明：G02——顺时针圆弧插补指令。

G03——逆时针圆弧插补指令。

X、Y——终点坐标。

R——圆弧半径，当圆弧小于或等于半圆时 R 为正，当圆弧超过半圆时 R 为负，R 方式不能编写整圆。

I、J——圆弧起点到圆弧中心的坐标增量，带正负号，为零时可省略。

F——进给速度。

执行 G02、G03 指令时，刀具相对工件以 F 指令的进给速度从当前点向终点进行插补加工，G02 为顺时针方向圆弧插补，G03 为逆时针方向圆弧插补。顺时针或逆时针是从垂直于圆弧所在平面的坐标轴的正方向看到的回转方向。在同一程序段中 I、J、R 同时出现时，R 优先，I、J 无效。X、Y 同时省略时，表示起点、终点重合。若用 I、J 指令操作圆心，相当于操作 360° 的圆弧；若用 R 编程，则表示操作 0° 的圆弧；无论用绝对编程方式还是用相对编程方式，I、J 都为圆心相对于圆弧起点的坐标增量，为零时可省略。

2. 参考程序

参考程序如下。

N10　%（程序开始符）

N20　O0001;（程序号）

N30　G17 G90 G54;（选择 XY 平面，采用绝对坐标方式编程，选择工件第一坐标系）

N40　M06 T01;[换 1 号刀具（φ24mm 铣刀）]

N50　M03 S600;（主轴正转，转速 600r/min）

N60　G00 X0 Y0;[快速定位到 X 正方向 0mm、Y 正方向 0mm 处（检验对刀是否正确）]

N70　X50 Y-70 M08;（快速定位到切削起点附近，切削液开启）

N80　G00 G43 Z50 H1;（执行 1 号高度补偿，快速定位到 Z 正方向 50mm 处）

N90　Z5;（快速定位到安全高度 Z5）

N100　G01 Z-8 F100;（Z 向下刀，深度 8mm，进给 100r/min）

N110　G42 G01 X30 D01;（建立刀具半径右补偿，执行 1 号刀补）

N120　Y-50 F200;（执行刀补）

N130　Y0;（切削至斜线起点）

N140　X0 Y40;（切削第一象限斜线）

N150　X-18;（切削至圆弧起点）

N160　G03 X-30 Y28 R12;（切削第二象限半径为 12mm 的圆弧）

N170　G01 Y-15;（切削至圆弧起点）

N180　G02 X-5 Y-40 R25;（切削第三象限半径为 25mm 的圆弧）

N190　G01 X18;（切削至圆弧起点）

N200　G03 X30 Y-28 R12;（切削第四象限半径为 12mm 的圆弧）

N210　G01 Y15;（切削至 Y 正方向 10mm 处）

N220　G00 Z100 M09;（快速抬刀，切削液停）

N210　G40 X0 Y0;（取消刀具半径补偿）

N220　M30;（程序结束）

N230　%（程序结束符）

3.4.3　编写内轮廓加工程序

一个工件内轮廓加工图如图 3-38 所示。

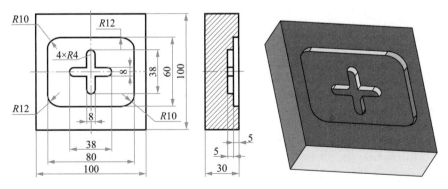

图 3-38　内轮廓加工图

参考程序如下。

N10　％（程序开始符）

N20　O0002；（程序号）

N30　G17 G90 G54；（选择 XY 平面，采用绝对坐标方式编程，选择工件第一坐标系）

N40　M06 T01；[换 1 号刀具（ϕ18mm 铣刀）]

N50　M03 S600；（主轴正转，转速 600r/min）

N60　G00 X0 Y0 M08；（快速定位到 X 正方向 0mm、Y 正方向 0mm 处，切削液开）

N70　G00 G43 Z50 H1；（执行 1 号高度补偿）

N80　Z5；（快速定位到安全高度）

N90　G01 Z-5 F20；（Z 向下刀，深度 5mm，进给速度 20r/min）

N100　G42 X-20 D01 F100；（建立刀具半径右补偿，执行 1 号刀补，进给速度 100mm/min）

N110　X-40 F150；（执行刀补）

N120　Y20；（切削至圆弧起点）

N130　G03 X-30 Y30 R10；（切削第二象限半径为 10mm 的圆弧）

N140　G01 X28；（切削至圆弧起点）

N150　G03 X40 Y28 R12；（切削第一象限半径为 12mm 的圆弧）

N160　G01 Y-28；（切削至圆弧起点）

N170　G03 X28 Y-40 R12；（切削第三象限半径为 12mm 的圆弧）

N180　G01 X-30；（切削至圆弧起点）

N190　G03 X-40 Y-20 R10；（切削第四象限半径为 10mm 的圆弧）

N200　G01 Y10；（切削至 Y 正方向 10mm）

N210　G00 Z100；（快速抬刀）

N220　G40 X0　Y0；（取消刀具半径补偿）

N230　M06 T02；[换 2 号刀具（ϕ8mm 铣刀）]

N240　M03 S900；（主轴正转，转速 900r/min）

N250　G00 X0 Y0 M08；（快速定位到 X 正方向 0mm，Y 正方向 0mm 处，切削液开）

N260　G43 Z50 H2；（执行 2 号高度补偿）

N270　Z5；（快速定位到安全高度）

N280　G01 Z-10 F60；（Z 向下刀，深度 10mm，进给速度 60r/min）

N290　X15 F100；（切削十字槽右侧，进给速度 100mm/min）

N300　X-19；（切削十字槽左侧）

N310　X0；（切削至 X 正方向 0mm）

N320　Y15；（切削十字槽上侧）

N330　Y-15；（切削十字槽下侧）

N340　G00 Z100 M09；（快速抬刀，切削液停）

N350　M30；（程序结束）

N360　％（程序结束符）

3.4.4　编写孔类加工程序

孔加工是数控铣床加工中常见的一道加工工序。数控铣床通常具有完成钻孔、镗孔、铰孔和攻螺纹等加工的固定循环功能。

对各种孔的加工,用一个G代码就可以完成,该类指令为续效指令(也称为模态指令),使用它编程加工时,只需给出第一个孔加工的所有参数,之后加工的孔,凡是与第一个孔相同的参数均可以省略,这样可以极大提高编程效率,使程序变得简单、易懂。孔加工图如图 3-39 所示。

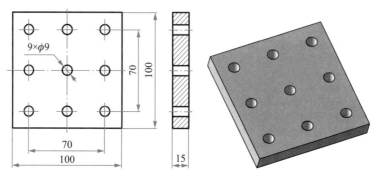

图 3-39　孔加工图

1. 固定循环的基本动作

如图 3-40 所示,孔加工的固定循环一般由下述六个基本动作组成(图 3-40 中虚线表示 G00 快速进给,用实线表示切削进给):

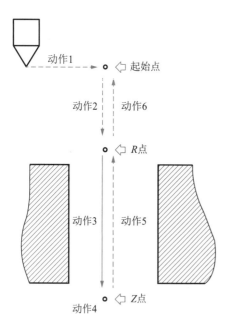

图 3-40　固定循环动作

动作 1 表示 X 轴和 Y 轴定位,使刀具快速定位到孔加工的位置。

动作 2 表示快速到 R 点,刀具从初始点快速进给到 R 点。

动作 3 表示孔加工,以切削进给的方式执行孔加工动作。

动作 4 表示孔底动作,包括暂停、主轴准停、刀具移位等动作。

动作 5 表示返回 R 点,继续加工其他孔且其他孔可以安全移动刀具时选择返回 R 点。

动作 6 表示返回到起始点,孔加工完成后一般应该选择返回起始点。

说明:1) 循环指令中地址 R 和地址 Z 的数据指定与 G90 和 G91 方式的选择有关。选G90 方式时, R 与 Z 一律取其终点坐标值;选择 G91 方式时, R 是自起始点到 R 点间的距离, Z 是指自 R 点到底平面上 Z 点的距离,如图 3-41所示。

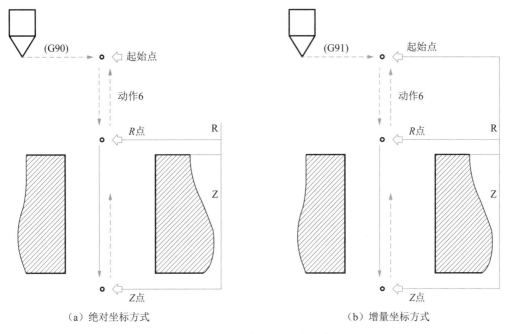

（a）绝对坐标方式　　　　　　　　　（b）增量坐标方式

图 3-41　G90 与 G91 方式示意

　　2）起始点是为安全下刀而规定的点。该点到零件表面的距离可以任意设定在一个安全的高度。使用 G98 指令使刀具返回起始点，如图 3-42 所示。

　　3）R 点又称参考点，是刀具下刀时自快速转为工进的转换点。距离工件表面的距离主要考虑工件表面的尺寸的变化，一般可取 2 ～ 5mm。使用 G99 指令时，刀具将返回该点，如图 3-43 所示。

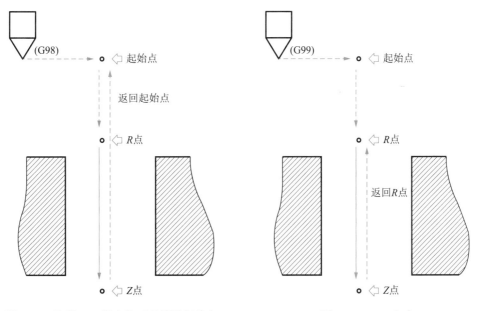

图 3-42　使用 G98 指令使刀具返回起始点　　　　图 3-43　G99 方式

4）加工盲孔时孔底平面就是孔底的 Z 轴高度，加工通孔时一般刀具要伸出工件底平面一段距离，以保证全部孔深都加工到规定尺寸。钻削加工时，还应考虑钻头钻尖对孔的影响。

5）孔加工循环与平面选择指令（G17、G18 或 G19）无关，即无论选择哪个平面，孔加工都是在 XY 平面上定位并在 Z 轴方向上加工。

2. 相关指令格式及含义

（1）G81 钻削循环指令

格式：G81 X____Y____Z____R____F____

说明：G81——钻削循环。

　　　X、Y——孔的位置坐标。

　　　Z——钻孔深度。

　　　R——安全平面。

　　　F——进给速度。

（2）G82 锪孔循环指令

格式：G82 X____Y____Z____R____P____F____

说明：G82——锪孔循环（主要用于加工盲孔或阶梯孔）。

　　　P——到孔底后的暂停时间。

钻孔、锪孔循环动作图如图 3-44 所示。

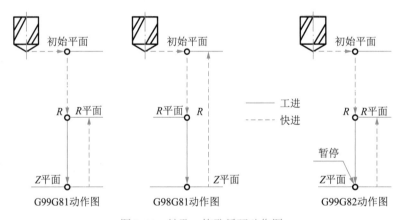

图 3-44　钻孔、锪孔循环动作图

（3）G80 取消固定循环指令

以固定循环指令 G81 为例，则 G80 格式如下：

```
G81 X___Y___Z___R___F___
    X___Y___
    ...
    G80
    G0  Z100.0
    M05
```

```
    M30
    %
```

说明：G80 是在固定循环指令运行结束后为取消该固定循环而设置的指令。

（4）G73 高速啄式钻孔指令

格式：G73 X___Y___Z___R___ Q___F___

说明：G73——高速啄式循环（主要用于深孔或有位置要求的孔）。

　　　　Q——每次啄削量。

G73 高速啄式钻孔指令动作图如图 3-45 所示。

（5）G83 深孔钻削循环指令

格式：G83 X___Y___Z___R___Q___F___

说明：G83——深孔钻削循环（主要用于深孔或有位置要求的孔）。

　　　　Q——每次啄削量。

G83 深孔钻孔指令动作图如图 3-46 所示。

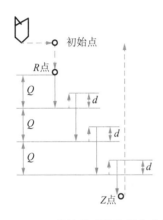

图 3-45　G73 高速啄式钻孔指令动作图

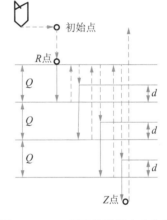

图 3-46　G83 深孔钻孔指令动作图

3. 参考程序

N10　%（程序开始符）

N20　O0003；（程序号）

N30　G17 G90 G54；（选择 XY 平面，采用绝对坐标编程，选择工件第一坐标系）

N40　T01 M06；[换 1 号刀具（中心钻）]

N50　M03 S1200；（主轴正转，转速 1200r/min）

N60　G00 X0 Y0 M08；（快速定位到 X 正方向 0mm、Y 正方向 0mm 处，切削液开）

N70　G43 Z50 H1；（执行 1 号高度补偿）

N80　G99 G81 X0 Y0 Z-3 R3 F50；（执行钻孔循环，钻中心孔）

N90　X35；（执行钻孔循环，钻中心孔）

N100　Y35；（执行钻孔循环，钻中心孔）

N110　X0；（执行钻孔循环，钻中心孔）

N120　X-35；（执行钻孔循环，钻中心孔）

N130 Y0;（执行钻孔循环，钻中心孔）

N140 Y-35;（执行钻孔循环，钻中心孔）

N150 X0;（执行钻孔循环，钻中心孔）

N160 X35;（执行钻孔循环，钻中心孔）

N170 G80;（取消钻孔固定循环）

N180 G00 Z100;（抬刀）

N190 M06 T02;［换2号刀具（ϕ9mm麻花钻）］

N200 M03 S1200;（主轴正转，转速1200r/min）

N210 G00 X0 Y0;（快速定位到X正方向0mm、Y正方向0mm处）

N220 G43 Z50 H1;（执行2号高度补偿）

N230 G99 G81 X0 Y0 Z-16 R3 F50;（执行钻孔循环，钻孔）

N240 X35;（执行钻孔循环，钻孔）

N250 Y35;（执行钻孔循环，钻孔）

N260 X0;（执行钻孔循环，钻孔）

N270 X-35;（执行钻孔循环，钻孔）

N280 Y0;（执行钻孔循环，钻孔）

N290 Y-35;（执行钻孔循环，钻孔）

N300 X0;（执行钻孔循环，钻孔）

N310 X35;（执行钻孔循环，钻孔）

N320 G80;（取消钻孔固定循环）

N330 G00 Z100 M09;（抬刀，切削液停）

N340 M30;（程序结束）

N350 %（程序结束符）

3.4.5 综合实例模拟加工

1. 程序编写

综合加工工件如图3-47所示。

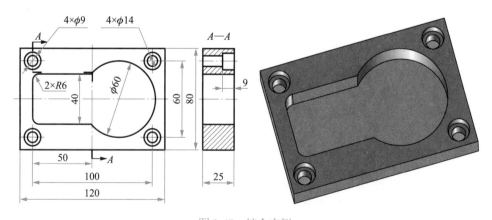

图3-47 综合实例

2. 程序输入

先将数控铣床控制操作面板上的模式选择旋钮旋至 EDIT 挡位，再按系统操作面板上的 PROG 键，输入程序号 O0011，按 INSERT 键，完成新建程序。使用系统操作面板上的数字键、字母键完成程序的输入。

```
N10 %
N20 O0011;
N30 T1 M6;(调用 1 号铣刀)
N40 G17 G90 G54 G00 X0 Y0 M03 S800;
N50 G43 Z50 H01;
N60 Z5;
N70 G01 Z-25 F50;
N80 G41 D01 X-50 ;
N90 G01 X-50 Y-20,R6;
N100 X0 Y0;
N110 G3 X0 Y20 R-30.0;
N120 G01 X-50 Y20,R6 ;
N130 X-50 Y0;
N140 G40 G01 X0Y0;
N150 G0 Z100.0;
N160 M09;
N170 M05;
N180 T2 M6;(调用 2 号刀具 中心钻)
N190 G17 G90 G54 G00 X-50 Y30 M03 S800;
N200 G43 Z50 H02;
N210 G99 G81 Z-2 R3.0 F100;
N220 Y-30;
N230 X50;
N240 Y30;
N250 G80;
N260 G00 Z100.0;
N270 M09;
N280 M05;
N290 T3 M6;(调用 3 号刀具 φ9 钻头)
N300 G17 G90 G54 G00 X-50 Y30 M03 S800;
N310 G43 Z50 H03;
N320 G99 G83 Z-28 R3 Q5 F100;
N330 Y-30;
N340 X50;
N350 Y30;
N360 G80;
N370 G00 Z100.0;
```

```
N380 M09;
N390 M05;
N400 T4 M6;（调用3号刀具 φ14 锪孔钻头）
N410 G17 G90 G54 G00 X-50 Y30 M03 S500;
N420 G43 Z50 H04;
N430 G99 G83 Z-9 R3 Q5 F100;
N440 Y-30;
N450 X50;
N460 Y30;
N470 G80;
N480 G00 Z100.0;
N490 M09;
N500 M05;
N510 M30;
N520 %
```

3. 程序模拟

数控铣床程序模拟

先将机床调到手动模式，将 X 轴、Y 轴、Z 轴移至工作台上的机用平口钳上方，然后按机床控制操作面板上的机床锁住键，选择所要模拟的程序，将光标移动到程序开头，转换至自动模式，再按机床控制操作面板上的空运行键，按机床控制面板上的起动键开始程序模拟。这时按系统操作面板上的 PROG 键来查看图形及刀路是否正确。

任务评价

通过以上内容的学习，要求学生能达到表 3-8 所示的要求。

表 3-8　数控铣床程序模拟学习情况评价表

序号	评价项目	学生自评			教师评价		
		A	B	C	A	B	C
1	程序编写的正确性						
2	指令选用的适宜性						
3	切削要素选用的合理性						
4	程序输入的正确性						
5	程序模拟的正确性						
6	操作机床的安全规范性						

学生签名：_____　　　教师签名：_____

知识拓展

攻螺纹循环指令

数控铣床加工的零件中有很大一部分是要求加工螺纹的零件，对这些零件加工完孔后,需对孔进行自动攻螺纹。这里所要学习的就是专门针对这些孔的攻螺纹循环指令,下面以图 3-48 所示的零件为例进行介绍。

1. 相关指令格式及含义

G84 攻螺纹循环

格式：G84 X____Y____Z____R____P____F____L____

说明：P——攻螺纹循环中的螺距的大小。

　　　F——转速 × 螺距。

　　　L——调用次数。

攻螺纹循环动作图如图 3-49 所示。

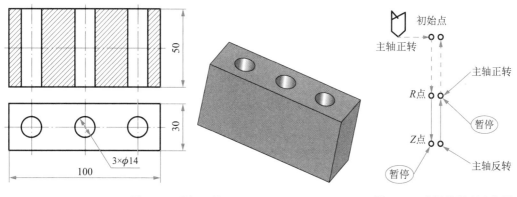

图 3-48　孔加工练习　　　　图 3-49　攻螺纹循环动作图

2. 参考程序

N10　%(程序开始符)

N20　O0007;(程序号)

N30　G17 G90 G54;(选择 XY 平面,采用绝对坐标编程,选择工件第一坐标系)

N40　M06 T01;[换 1 号刀具(中心钻)]

N50　M03 S1200;(主轴正转,转速 1200r/min)

N60　G00 X0 Y0 M08;(快速定位到 X 正方向 0mm、Y 正方向 0mm 处,切削液开)

N70　G43 Z50 H1;(执行 1 号高度补偿)

N80　G99 G81 X0 Y0 Z-3 R2 F50;(执行钻孔循环,钻中心孔)

N90　X35;(执行钻孔循环,钻中心孔)

N100　X-35;(执行钻孔循环,钻中心孔)

N110　G80 G00 Z100;(取消钻孔固定循环)

N120　M06 T02;[换 2 号刀具(φ14mm 麻花钻)]

N130　M03 S400;(主轴正转,转速 400r/min)

N140　G00 X0 Y0;(快速定位到 X 正方向 0mm、Y 正方向 0mm 处)

N150　G43 Z50 H2;(执行 2 号高度补偿)

N160　G99 G73 X0 Y0 Z-55 R2 Q10 F50;(执行深钻孔循环,钻孔)

N170　X35；（执行深钻孔循环，钻孔）

N180　X-35；（执行深钻孔循环，钻孔）

N190　G80 G00 Z100；（取消深钻孔固定循环）

N120　M06 T03；[换3号刀具（M10丝锥）]

N130　M03 S200；（主轴正转，转速200r/min）

N140　G00 X0 Y0；（快速定位到 X 正方向 0mm、Y 正方向 0mm 处）

N150　G43 Z50 H3；（执行3号高度补偿）

N160　G99 G84 X0 Y0 Z-52 R2 P1.5 F300；（执行攻螺纹循环，钻孔）

N170　X35；（执行攻螺纹循环，钻孔）

N180　X-35；（执行攻螺纹循环，钻孔）

N190　G80 G00 Z100；（取消攻螺纹固定循环）

N200　G00 Z100；（抬刀）

N210　M30；（程序结束）

N220　%（程序结束符）

课外阅读

世界技能大赛金牌得主代表——邓燚祯

　　邓燚祯，男，1993年出生，广东省河源市紫金县蓝塘镇人，2015年毕业于广东岭南工商第一技师学院机电一体化专业，后留校任教。2016年11月，他以第43届世界技能大赛机电一体化项目备选选手的身份进入国家集训队。在第44届世界技能大赛机电一体化项目六进三、三进二、二进一选拔赛中，他均获得了第一名的成绩，取得前往阿联酋阿布扎比参赛的入场券，最终被选定代表中国参加第44届世界技能大赛。在比赛中，他与搭档叶子进沉着冷静，发挥出色，勇夺金牌。

思考与练习

　　如图3-50所示，编写粗、精加工程序，并进行程序模拟校验。

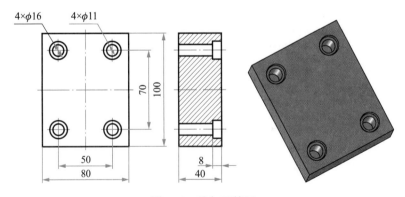

图 3-50　孔加工练习

数控机床加工

通过本单元的学习，学生应会安装并调整机床夹具、机用平口钳、找正工件的编程原点、学会刀具的对刀，能够安排零件的加工工艺、编写零件的加工程序，并能加工出零件，会检测零件的加工精度。

任务 4.1 定位与装夹工件

任务目标

知识目标

● 掌握机床夹具的基本概念。

● 了解正确定位、安装工件的方法。

技能目标

● 能根据工件和机床 T 形槽正确选择合适尺寸的螺钉、压板及机用平口钳。

● 会在机床上正确安装并调整机用平口钳等通用夹具，快速、准确地安装零件。

任务描述

在数控机床上加工零件之前，需要根据零件的加工图样确定被加工零件的毛坯，根据毛坯的形状确定合适的夹具。数控机床上常用的夹具有机用平口钳、分度头、自定心卡盘、平台夹具等。经济型数控机床装夹方料时一般采用机用平口钳，装夹圆料时可采用自定心卡盘或机用平口钳与 V 形块结合的装夹方法。本任务介绍数控机床上工件定位常用的量具、工具，以及工件定位与夹紧、夹具安装的方法。通过学习，要求学生掌握数控机床上工件正确定位与装夹的方法。

在学习定位与装夹工件的过程中，学生应：

1）学习工件定位与夹紧常用量具、工具的相关知识。

2）理解定位与夹紧工件的概念。

3）掌握数控机床夹具的安装方法：自定心卡盘的装夹方法、精密机用平口钳的安装与调整。

	工件定位常用量具
定位与装夹工件	工件定位常用工具
	定位与夹紧工件
	常用夹具的装夹方法

任务实施

4.1.1 工件定位常用量具

1. 百分表

百分表是用于测量形状和位置误差及小位移长度的量具，如图 4-1 所示。

（a）普通百分表　　　　　　　　（b）杠杆百分表

图 4-1　百分表

2. 磁性表座

　　磁性表座也称万向表座，是机器制造业应用范围较广的检测工具之一，还应用于各种科研机构及高等院校的科学研究中，用于测量精度。磁性表座的内部是一个圆柱体，在其中间放置一根条形的永久磁铁或恒磁磁铁，外面底座位置是一块软磁材料（软磁材料是指在较弱的磁场下易磁化也易退磁的一种铁氧体材料），如图 4-2 所示。

　　磁性表座与百分表的正确安装如图 4-3 所示。

（a）常用磁性表座　　　　　　（b）可折叠磁性表座

图 4-2　磁性表座

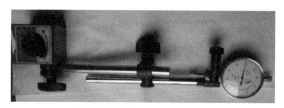

（a）磁性表座与普通百分表的正确安装

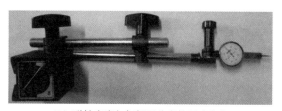

（b）磁性表座与杠杆百分表的正确安装

图 4-3　磁性表座与百分表的正确安装

百分表和磁性表座
的安装

4.1.2 工件定位常用工具

1. 机用平口钳

机用平口钳也称平口钳，是一种通用夹具，常用于安装小型工件。它是铣床、钻床的随机附件，固定在机床工作台上，用来夹持工件进行切削加工，如图4-4所示。

（a）常用机用平口钳　　　　　　　　　　　　　　（b）精密机用平口钳

图4-4　平口钳

2. 卡盘

卡盘是机床上用来夹紧工件的机械装置。卡盘的工作原理是利用均布在卡盘体上的活动卡爪的径向移动将工件夹紧或定位。卡盘一般由卡盘体、活动卡爪和卡爪驱动机构三部分组成。卡盘体直径最小为65mm，最大可达1500mm，中央有通孔，以便通过工件或棒料；背部有圆柱形或短锥形结构，直接或通过法兰盘与机床主轴端部相连接。卡盘通常安装在车床、外圆磨床和内圆磨床上，也可与各种分度装置配合用于铣床和钻床，如图4-5所示。

（a）自定心卡盘　　　　　　（b）数控铣床用自定心卡盘　　　　　（c）数控铣床用单动卡盘

图4-5　卡盘

3. 组合夹具

组合夹具也称柔性组合夹具，分为机床组合夹具和焊接组合夹具。组合夹具是一套由各种不同形状、规格和用途的标准化元件和部件组成的机床夹具系统。使用时，按照工件的加工要求可从中选择适用的元件和部件，以搭积木的方式组装成各种专用夹具。为了适应不同外形尺寸的工件，机床组合夹具系统在机床加工行业中分为大型、中型和小型三个系列，每个系列的元件按照用途可分为八类：基础件、支承件、定位件、导向件、夹紧件、紧固件、其他件和合件，如图4-6所示。

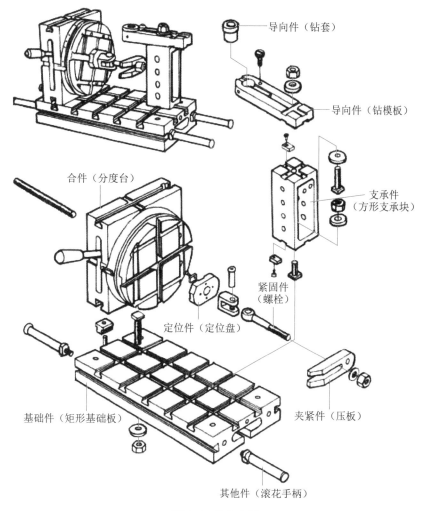

图 4-6 组合夹具

4.1.3 定位与夹紧工件

1. 六点定位原理

六点定位原理是指工件在空间具有六个自由度,即沿 X、Y、Z 三个直角坐标轴方向的移动自由度和绕这三个坐标轴的转动自由度。因此,要完全确定工件的位置就必须消除这六个自由度,通常用六个支承点(即定位元件)来限制工件的六个自由度,其中每一个支承点限制相应的一个自由度。

2. 常用的定位形式

(1)完全定位

工件的六个自由度全部被夹具中的定位元件所限制,使其在夹具中占有完全确定的唯一位置,这种定位称为完全定位。

（2）不完全定位

根据工件加工表面的不同加工要求，定位支承点的数目可以少于六个，这种定位称为不完全定位。有些自由度对加工要求有影响，有些自由度对加工要求无影响，因此不完全定位是允许的。

（3）欠定位

按照加工要求应该限制的自由度没有被限制的定位称为欠定位。欠定位是不允许的。这是因为欠定位不能保证工件达到加工要求。

（4）过定位

工件的一个或几个自由度被不同定位元件重复限制的定位称为过定位。当过定位导致工件或定位元件变形，影响加工精度时，应该严禁采用这种定位形式。但是，当过定位并不影响加工精度，反而对提高加工精度有利时，可以采用这种定位形式。各类钳加工和机加工都会用到过定位。

3. 夹紧的概念

工件在定位的基础上，由于加工时工件受切削力较大，定位一般会被破坏，这时就需要对工件施加夹紧力，以防止工件移动，称为夹紧。

4. 圆柱棒料和盘类零件的定位与夹紧

实际生产中大多数零件是回转体零件，如棒料，这种类型的零件除了在数控车床上加工外，还需要在数控铣床上加工，其定位方法为采用自定心卡盘定位。棒料如图 4-7 所示。工件在自定心卡盘上定位与夹紧如图 4-8 所示。

图 4-7　棒料

图 4-8　工件在自定心卡盘上定位与夹紧

5. 方形零件的定位与夹紧

除了回转体零件外，生产中还经常会见到方形零件，这种零件的毛坯是有规则的几何体，其上下、左右、前后相互平行，常采用精密机用平口钳来定位与夹紧，如图 4-9 和图 4-10 所示。

图 4-9　方形零件

图 4-10　机用平口钳定位与夹紧

6. 异形零件的定位与夹紧

除回转体零件、方形零件外，还有一些零件的外形是不规则的，装夹时用常规的夹具不易进行装夹，在这种情况下通常采用专用夹具进行定位与夹紧，如图 4-11 和图 4-12 所示。

图 4-11　异形零件

图 4-12　异形零件定位与夹紧

4.1.4　常用夹具的装夹方法

1. 自定心卡盘装夹

自定心卡盘是常用的通用车床夹具，其特点是对中性好，适合装夹较短的回转体类工件。但其夹紧力不大，一般只适用于装夹质量较小的工件。装夹直径较小的工件时可用正爪装夹，当工件直径较大时可用反爪装夹，如图 4-13 所示。

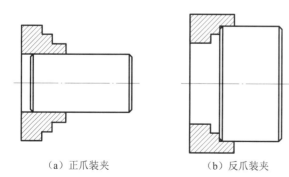

（a）正爪装夹　　　　　　（b）反爪装夹

图 4-13　自定心卡盘装夹

自定心卡盘卡爪的安装

2. 一夹一顶装夹

对于质量较大、加工余量较大的轴类零件，一般采用工件前端用自定心卡盘夹紧、工件后端用尾座顶尖顶紧的方法，如图4-14所示。

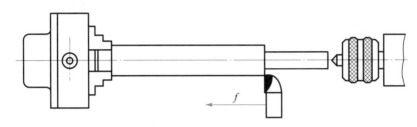

图4-14　一夹一顶装夹

3. 两顶尖装夹

对于工件长度尺寸较大或工序较多的轴类零件，为保证每次装夹时的装夹精度，可用两顶尖装夹。两顶尖装夹定心准确可靠，安装方便。前后顶尖对工件只有定心和支撑作用，必须通过对分夹头或鸡心夹头的拨杆带动工件旋转，如图4-15所示。

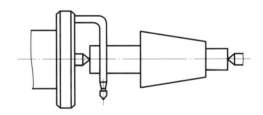

图4-15　两顶尖装夹

4. 机用平口钳的安装与调整

把机用平口钳（或精密机用平口钳）装到工作台上时，钳口与主轴的方向应根据工件的长度来决定。在立式数控铣床上，对于长的工件，钳口应与主轴垂直，与工作台纵向进给方向一致；对于短的工件，钳口应与工作台纵向进给方向垂直。在粗铣和半精铣时一般使铣削力指向固定钳口，这是因为固定钳口比较牢固，如图4-16所示。

（a）机用平口钳放上工作台面　　　（b）用压板固定机用平口钳　　　（c）机用平口钳紧固

图4-16　机用平口钳的安装

（1）机用平口钳水平方向调整

将带有百分表的磁性表座吸附在刀轴上，或使磁性表座吸附在悬梁导轨或垂直导轨上（图 4-17），并使固定钳口接触百分表测量头，然后通过手轮移动与钳口平行的轴，并调整机用平口钳位置使百分表上指针的摆差在允许范围内（图 4-18），钳口的水平方向调整完成。

精密平口钳的安装

图 4-17　带有百分表的磁性表座在数控
　　　　　铣床上的正确安放

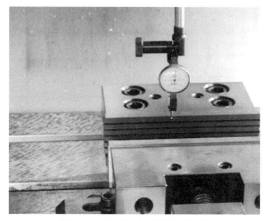

图 4-18　机用平口钳水平调整

（2）机用平口钳铅垂方向调整

将机用平口钳固定钳口接触百分表测量头，通过手轮移动与钳口垂直的轴，并调整机用平口钳位置使百分表上指针的摆差在允许范围内，钳口的铅垂方向调整完成，如图 4-19 所示。

（a）机用平口钳钳口底部

（b）机用平口钳钳口顶部

图 4-19　机用平口钳铅垂方向调整

精密平口钳的
找正

任务评价

通过以上内容的学习，要求学生能达到表 4-1 所示的要求。

表 4-1　定位与装夹工件学习情况评价表

序号	评价项目	学生自评			教师评价		
		A	B	C	A	B	C
1	机用平口钳的安装是否正确						
2	机用平口钳钳口检测是否正确						
3	方料装夹是否合理						
4	正确装夹圆料						
5	着装检查是否整齐						
6	操作要领是否正确						
7	安全措施是否到位						
8	7S 标准是否执行到位						

学生签名：_____　　教师签名：_____

🌐 知识拓展

百分表的使用

百分表是利用机械结构将测杆的直线移动，经过齿条齿轮传动放大，转变为指针在表盘上的角位移，并由表盘进行读数的指示式量具，常用的刻度值为 0.01mm。百分表不能单独使用，通过磁性表座夹持后才能使用。百分表的外形结构如图 4-20 所示。

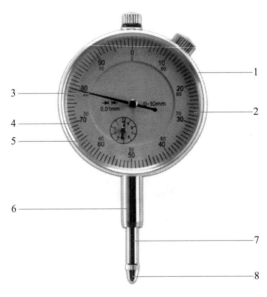

图 4-20　百分表的外形结构

1—表圈；2—表盘；3—主指针；4—小表盘（转数指示盘）；5—小表盘指针；6—轴套；7—测杆；8—测头

1. 百分表的检查

1）检查百分表外观，表盘是否透明，是否有破裂和脱落等现象，后盖要密封严密，测杆、测头、轴套不能有生锈等情况，指针转动应平稳，静止时可靠。

2）检查指针的灵敏度：测杆的上下移动应平稳、灵活、无卡顿现象，指针与表盘不得有摩擦现象，字盘无晃动现象。

3）检查稳定性：推动测杆数次，观察指针是否回到原位，其误差值应不大于 ±0.003mm。

2. 平面测量方法

1）测量时，要求百分表测头中心与被测表面保持垂直，如图 4-21 所示。

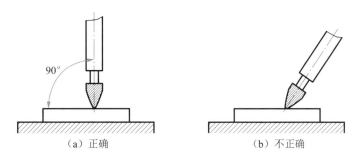

（a）正确　　　　　　　　　　　　　　　　（b）不正确

图 4-21　测头位置

2）测量圆柱表面时，要求百分表测头中心过圆柱的中心线，如图 4-22 所示。

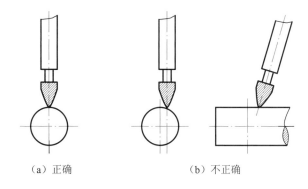

（a）正确　　　　　　　　　　　　（b）不正确

图 4-22　测量圆柱表面

3）测量倾斜平面时，要求百分表测头中心过平面的法线方向，如图 4-23 所示。

3. 孔径测量方法

利用内径百分表测量孔径是一种相对测量方法。内径百分表的测量数值是被测量孔径尺寸与标准尺寸之差。它的测量范围有 10 ～ 18mm、18 ～ 35mm、35 ～ 50mm、50 ～ 100mm、100 ～ 160mm、160 ～ 250mm、250 ～ 450mm。具体测量方法如下：

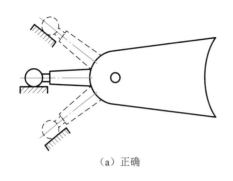

（a）正确　　　　　　　　　　　　　　（b）不正确

图 4-23　测量倾斜平面

1）根据被测孔径的公称尺寸，选择内径百分表的测量范围。

2）把百分表的轴套擦净，小心地装进表架的弹性卡头中，并使表的指针转过半圈左右（0.5mm），用锁心螺母紧固弹性卡头，将百分表锁住。注意，拧紧锁心螺母时，用力应适中，以防止将百分表的轴套卡变形。

3）根据被测孔径的公称尺寸，选取一个相应尺寸的活动测头，并装到测杆上，其伸出长度可以调节，调整两个测头（活动测头）之间的长度比被测孔径的公称尺寸大0.5mm左右，并紧固活动测头。

4）根据被测量的尺寸，选取校对环规（当没有环规时，也可以用内径千分尺），校对百分表的0位。校对0位的方法为分别将活动测头、定位护桥和环规的工作表面擦净后用手按动几次活动测头，检测百分表的灵敏度和示值变动量。符合要求时，即可进行校对0位操作。用左手握住表杆手柄部位，右手按下定位护桥，把活动测头压下，放入环规内。活动测头放入环规后，前后摆动几次，将固定测头压入环规内，并摆动几次找出指针的拐点（即使百分表指针旋转方向变化的点）转动百分表表盘，使0线与指针的拐点重合。再摆动几次测杆以确定0位已经校对准确。

5）测量时，操作内径百分表的方法与校对其0位的方法相同，把测头放入被测孔内后（注意，用左手指将活动测头压下，放入被测孔内），前后轻轻摆动几次，观察指针的拐点位置。当指针恰好在0位处拐回时，说明被测孔径与校对环规的孔径相等；当指针顺时针方向转动超过0位时，说明被测孔径小于校对环规的孔径；当指针逆时针方向转动未到0位时，说明被测孔大于校对环规的孔径。测量时，用环规校对的0位刻度线是读数的基准。指针的拐点位置不是在0位的左边，就是在0位的右边，读数时要认真仔细，不要把正负值读错。

课外阅读

机电设备操作名匠——郭锐

郭锐，中国中车青岛四方机车车辆股份有限公司的钳工高级技师，2012年在山东省第四届职工职业技能大赛中勇夺钳工状元，享受国务院政府特殊津贴。郭锐扎根装配一线20多年，从一名普通工人成长为我国高速动车组和城轨地铁转向架钳工装配领域的金蓝领专家。2006 年，中国中车青岛四方机车车辆股份有限公司引进 200 公里动车组项目，郭锐被调入转向架分厂工作（转向架是动车的核心部件之一），他身处生产一线，不断解决生产中遇到的难题。随着一个个难题的攻克，郭锐在实践中练就了一身过硬的本领，多次获得青岛市职业技能大赛钳工第一名，从他和他的团队手中装配的高速动车组超过 800 列。

思考与练习

    1. 什么是工件的夹紧？

    2. 六点定位的原理是什么？

    3. 什么是完全定位？

任务 4.2　数控车床对刀

任务目标

知识目标

● 掌握数控车床刀具安装、对刀的方法。

● 掌握刀具参数与刀具磨损补偿的输入方法。

技能目标

● 会合理选择加工刀具。

● 能规范安装刀具并准确对刀。

任务描述

对刀是数控加工过程中的主要操作和重要技能。对刀的精度决定零件的加工精度，对刀效率直接影响数控加工效率。因此，仅仅了解对刀方法是不够的，还要了解数控系统的各种对刀设置方式，以及这些方式在加工程序中的调用方法。同时要了解各种对刀方式的优缺点、使用条件等。本任务介绍数控车床对刀的相关内容。通过学习，要求学生掌握数控车床的对刀方法。

在学习数控车床对刀的过程中，学生应：

1）进行数控车床对刀前的准备。

2）进行数控车床的对刀。

数控车床对刀	数控车床对刀前准备
	数控车床对刀操作

任务实施

4.2.1 数控车床对刀前准备

零件毛坯、工具、量具准备清单如表 4-2 所示。

表 4-2 零件毛坯、工具、量具准备清单

序号	类别	名称	规格	数量	备注
1	材料	LY12	$\phi 45mm \times 200mm$	1 件	
2	刀具	外圆车刀	SVJNR-2020K16	1 把	
3	刀具	外圆切槽刀	MGEHR2020-3	1 把	
4	刀具	外螺纹车刀	SER2020K16	1 把	
5	工具	刀架扳手		1 个	与刀架配套
		卡盘扳手		1 个	与卡盘配套
		垫刀片		1 盒	
6	量具	游标卡尺	$0 \sim 150mm$	1 把	
		外径千分尺	$0.01/0 \sim 25mm$、$0.01/25 \sim 50mm$	各 1 把	

4.2.2 数控车床对刀操作

1. 刀具安装

将加工零件的刀具装夹到相应的位置，操作步骤如下：

1）根据加工工艺路线分析，选定被加工零件所用的刀具号，按照加工工艺的顺序安装。

2）选定 1 号刀位，装上第一把刀，注意刀尖的高度要与对刀点重合。

3）手动操作数控车床控制操作面板上的刀架旋转键，然后依次将加工零件的刀具装夹到相应的刀位上。

注意（以车刀为例）：

1）车刀刀尖一般应与工件轴线等高。车刀刀尖若与工件轴线不等高，将会因基面和切削平面的位置发生变化，而改变车刀工作前角和后角的大小。当刀尖高于轴线时，会使后角减小，增大车刀后刀面和工件间的摩擦，影响工件质量和减小刀具寿命；当刀尖低于工件轴线时，会使前角减小，切削不顺利。刀尖与工件轴线不等高示意如图 4-24 所示。

2）车刀伸出刀架的长度要适当。车刀安装在刀架上，一般伸出刀架的长度为刀杆厚度的 1 ～ 1.5 倍，不宜过长，伸出过长会使刀杆刚性变差，切削时易产生振动，影响工件的表面粗糙度和刀具寿命。数控车床伸出太短，会影响排屑和操作者观察切削情况。

3）车刀垫铁要平整，数量越少越好，而且垫铁应与刀架对齐，以防产生振动。

4）车刀至少要用两个螺钉压紧在刀架上，并逐个拧紧，拧紧力量要适当。

5）车刀刀杆中心线应与进给方向垂直，否则会使主偏角和副偏角的数值发生变化。

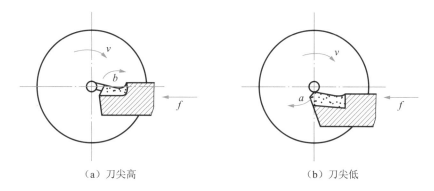

（a）刀尖高　　　　　　　　　　　　　（b）刀尖低

图4-24　刀具刀尖不对准工件中心的后果

2. 试切对刀方法

1）如图4-25所示，夹持工件，换需要对的刀具到刀架当前位置。

2）如图4-26所示，在手轮操作方式下，起动主轴，用当前刀具在加工余量范围内试切工件外圆，车削的长度必须能够方便测量。车削完成后，将刀架沿Z轴的正方向退出来，主轴停转，测量工件的外圆尺寸X_a，如图4-27所示。

图4-25　圆棒夹持

图4-26　试切法对刀

图4-27　测量外圆尺寸

3）按数控系统面板上的 OFS SET 键，显示界面如图 4-28 所示，按"刀偏"软键。

4）按"形状"软键，如图 4-29 所示，将光标移到与刀具号相对应的位置。

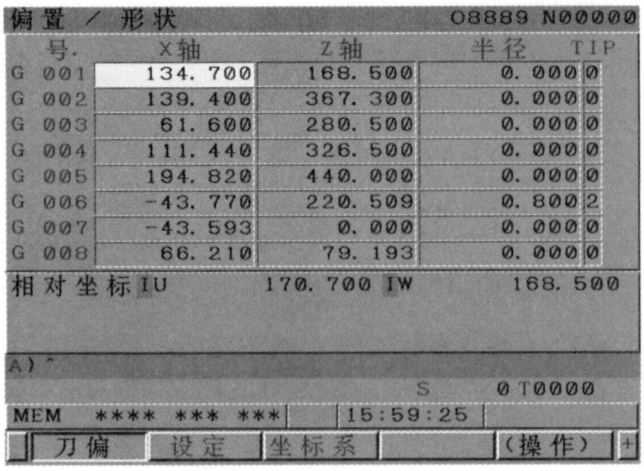

图 4-28　*X* 方向对刀值界面 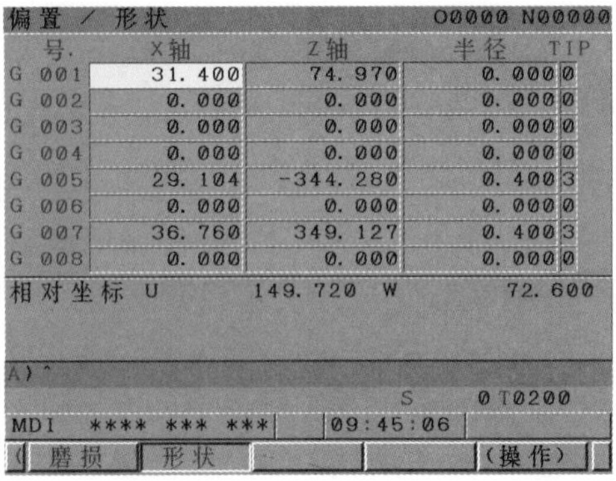　　　　　　　图 4-29　*X* 方向对刀值输入界面

5）将测量的直径值输入"X60"，按"测量"软键，在对应的刀补位上生成对应刀补值，如图 4-30 所示。

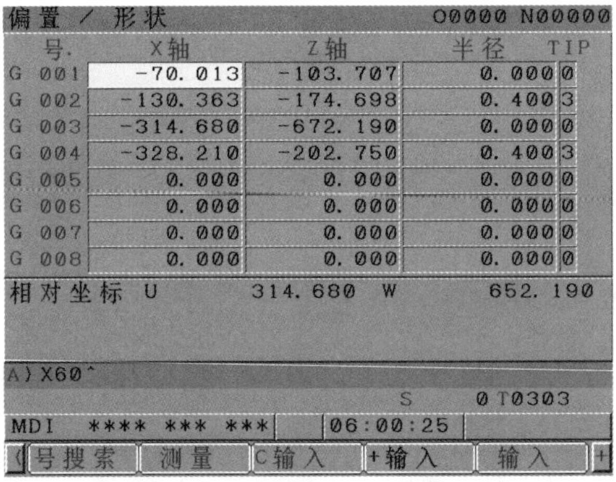

图 4-30　*X* 轴对刀补偿值输入界面

6）在手轮操作方式下，再用该把刀车平工件端面，平完端面后，将刀架沿 *X* 正方向退出，*Z* 方向不动，主轴停止，如图 4-31 所示。

7）按 OFS SET 键，进入"偏置 / 形状"补偿设定界面，将光标移到与刀位号相对应的位置后，输入"Z0"，再按"测量"软键，在对应的刀补位上生成准确的刀补值，如图 4-32 所示。

当前刀具对刀完毕后，换程序中需要用到的其他刀具，重复过程 1）～ 7），生成相应的刀补。

图 4-31 车端面

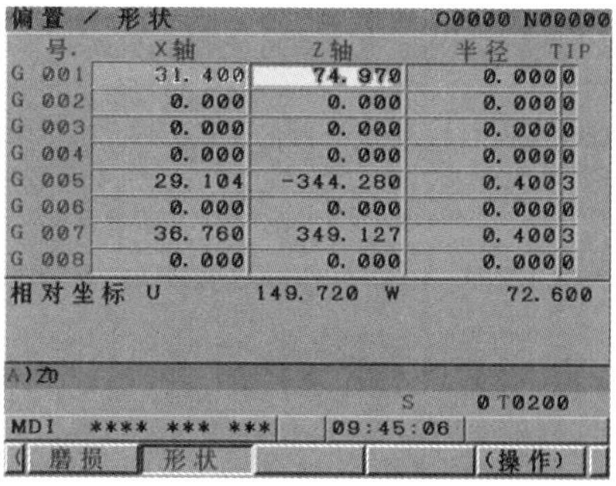

图 4-32 Z 轴对刀补偿值输入界面

3. 输入刀具磨损

1）按 OFS SET 键，进入参数设定界面，按"刀偏"软键，再按"磨耗"软键，如图 4-33 所示。

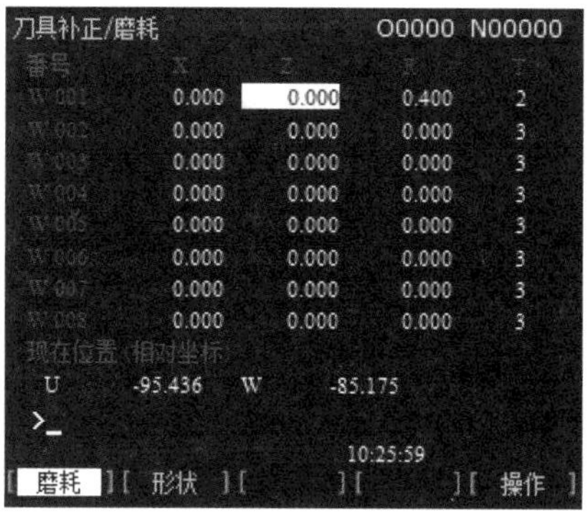

图 4-33 Z 向刀具补偿值输入界面

数控车床试车法对刀

2）将光标移至所需进行磨损补偿的刀具号所在的位置，输入刀具磨损补偿值即可。

任务评价

通过以上内容的学习，要求学生能达到表 4-3 所示的要求。

表 4-3 数控车床对刀学习情况评价表

序号	评价项目	学生自评			教师评价		
		A	B	C	A	B	C
1	能规范安装刀具						
2	X 方向对刀准确						
3	Z 方向对刀准确						
4	能规范使用量具测量工件，并能准确读数						
5	能做到 7S 管理要求						

学生签名：_____　教师签名：_____

知识拓展

对 刀 仪

1. 机械对刀仪

机械对刀仪的核心部件由一个高精度开关（测头），一个高硬度、高耐磨硬质合金四面体（对刀探针）和一个信号传输接口器组成。四面体探针用于与刀具进行接触，并通过安装在其下的挠性支撑杆把力传至高精度开关；开关所发出的通、断信号，通过信号传输接口器，传输到数控系统中进行刀具方向识别、运算、补偿、存取等。机械对刀仪如图 4-34 所示。

图 4-34 机械对刀仪

2. 光学对刀仪

图 4-35 所示是雷尼绍 HPMA 高精度自动对刀臂，是一种结构较简单、价位较低的自动对刀臂。其特点为对刀仪的臂和基座之间是可分离的，使用时通过插拔机构把对刀仪臂安装至对刀仪基座上，同时电气信号连通并进入可工作状态；用完后可将对刀臂从基座中拔出放到合适的地方，以保护精密的对刀臂和对刀传感器部分不受灰尘、碰撞的损坏。

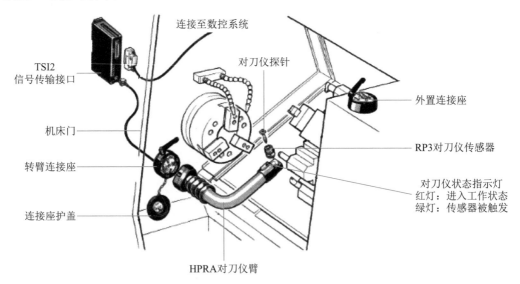

图 4-35 雷尼绍 HPMA 高精度自动对刀臂

利用对刀仪可以快速、高效、精确地在 ±X、±Z 及 Y 轴五个方向上进行刀具偏置值的测量和补偿，有效消除采用人工对刀易产生的对刀误差和效率低下的问题。无论采用何种切削刀具（外圆、端面、螺纹、切槽、镗孔还是车削中心上的铣、钻削动力刀具)进行工件型面车削或铣削时,所有参与切削刀具的刀尖点或刀具轴心线都必须通过调整或补偿使其精确地位于工件坐标系的同一个理论点或同一条轴心线上。对于动力型回转刀具,除要测量并补偿刀具长度方向上的偏置值外,还要测量和补偿刀具直径方向上的偏置值(刀具以轴心线分界的两个半径的偏置值)。

课外阅读

机电设备操作名匠——洪海涛

洪海涛,大国工匠,是一位常年打磨导弹点火器的高级技师。导弹发射时,点火一瞬间迸发出巨大的能量,而控制这个巨大能量的总开关是一个只有拳头大小的点火器。洪海涛要打磨的就是点火器上的小孔——点火孔。点火孔空间狭小,里边的贴合度必须达到 95% 以上,才能保证正常点火。而要实现 95% 以上的贴合度,就要把点火孔表面高低差控制在 0.01mm 内。一旦高低差超过 0.01mm,点火器就不能正常作业。洪海涛依靠他的眼力和手感,达到了百分之百与机器测量度吻合的标准,为我国的航天事业做出了非常大的贡献。

思考与练习

简述数控车床刀具对刀的步骤。

任务 4.3　数控车床加工

任务目标

知识目标

- 熟悉常用的加工方法。
- 理解切削参数对加工质量的影响。

技能目标

- 会正确安排加工工艺。
- 能合理选用加工刀具。
- 能完成工件加工。

任务描述

经过教师示范操作后,要求学生独立完成台阶轴的加工,并保证工件尺寸精度要求。加工零件图如图 4-36 所示。通过学习要求学生能够正确加工零件,并能达到零件的精度要求。

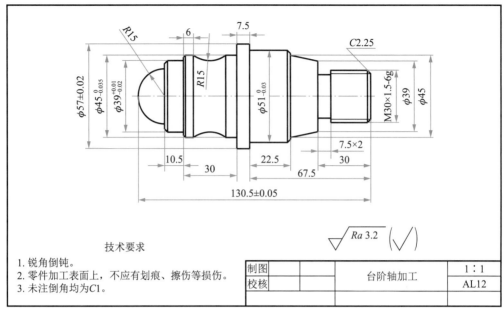

技术要求

1. 锐角倒钝。
2. 零件加工表面上，不应有划痕、擦伤等损伤。
3. 未注倒角均为C1。

制图		台阶轴加工	1：1
校核			AL12

图 4-36　台阶轴

在实例加工过程中，学生应：

1）进行数控车床加工零件前的准备。

2）进行数控车削加工工艺分析。

3）对数控车削加工进行程序编写、工件检测。

数控车床加工	数控车床加工前准备
	数控车削加工工艺分析
	编写数控车削加工程序

任务实施

4.3.1　数控车床加工前准备

零件加工准备清单如表 4-4 所示。

表 4-4　零件加工准备清单

序号	类别	名称	规格	数量	备注
1	材料	LY12	$\phi 60mm \times 140mm$	1件	
2	刀具	90°外圆车刀	SVJNR-2020K16	1把	
		93°外圆车刀	SVJNR-2020K16	1把	
		外切槽车刀	MGEHR2020-3	1把	
		外螺纹车刀	SER2020K16	1把	
		45°外圆车刀	SVJNR-2020K16	1把	

续表

序号	类别	名称	规格	数量	备注
3	夹具	卡盘	自动定心卡盘	1 个	与机床配套
4	工具	刀架扳手		1 个	与刀架配套
		卡盘扳手		1 个	与卡盘配套
		垫刀片		1 盒	
5	量具	游标卡尺	0 ～ 150mm	1 把	
		外径千分尺	0.01/0 ～ 25mm、0.01/25 ～ 50mm	各 1 把	
		半径样板	7 ～ 14.5	1 套	
		环规	M20×1.5-6g	1 套	

4.3.2　数控车削加工工艺分析

1. 图样分析

零件的最大外径是 ϕ57mm，所以选取的毛坯为 ϕ60mm 圆棒料，材料是硬铝。零件有四个外圆轴，直径分别是 ϕ51mm、ϕ45mm、ϕ39mm、ϕ30mm。另外，零件上还有槽、锥度、圆弧、螺纹 M30×1.5-6g。

2. 刀具选择

选择刀具时，应考虑粗精加工刀具分开原则，防止精加工刀具过早磨损。根据图样，考虑切削加工生产率，该零件加工选用的刀具如表 4-5 所示。

表 4-5　刀具卡片

刀具号	刀具规格名称	数量	加工内容
T0101	90° 外圆车刀	1	G71/G70 粗、精加工外圆轮廓
T0101	93° 外圆车刀	1	G73/G70 粗、精加工外圆轮廓
T0202	外切槽车刀	1	车削槽
T0303	外螺纹车刀	1	车削螺纹
T0404	45° 外圆车刀	1	倒角、车削端面

3. 切削参数选择

选择合适的刀具和加工参数，对于金属切削加工能够起到事半功倍的效果。根据加工对象的材质、刀具的材质和规格，从金属切削参数手册中查找刀具线速度、单刃切削量，确定选用刀具的转速、进给速度。切削参数卡片如表 4-6 所示。

表 4-6　切削参数卡片

所用刀具　　切削用量	主轴转速 S/（r/min）	进给量 F/（mm/r）	备注
T0101	800	0.2	粗加工

续表

所用刀具 \ 切削用量	主轴转速 S/（r/min）	进给量 F/（mm/r）	备注
T0101	1200	0.1	精加工
T0202	800	0.05	车削槽
T0303	800		车削螺纹
T0404	800		车削端面、倒角

4. 零件加工工序

零件加工工序卡片如表 4-7 所示。

表 4-7　零件加工工序卡片

单位	产品名称及型号		零件名称	零件图号
×××公司	JTZ-01		台阶轴加工	4-7
程序编号	夹具名称		使用设备	工件材料
O0001、O0002、O0003、O0004	自定心卡盘		凯达 CK6140 车床	硬铝 LY12
工步号	工步内容	刀具号	切削用量	备注	工序简图
1	加工工件左端，工件装夹，车削端面	T0404	45°外圆车刀，S=800r/min	1. 装夹毛坯φ60 mm，伸出长度80mm。 2. 找正。 3. 夹紧	
2	对刀	T0101、T0202、T0303	S=800r/min	试车削对刀	
3	粗、精车削φ30mm、φ51mm、φ57mm 外圆，锥度	T0101	粗车削：90°外圆车刀，S=800r/min，F=0.2mm/r。精车削：90°外圆车刀，S=1200r/min，F=0.1mm/r	车外圆φ30mm、φ51mm、φ57mm、锥度至尺寸要求	

续表

工步号	工步内容	刀具号	切削用量	备注	工序简图
4	车削槽7.5mm×2mm	T0202	外切槽车刀，S=800r/min，F=0.05	槽7.5mm×2mm	
5	车削螺纹	T0303	外螺纹车刀，S=800r/min	螺纹环规检测，保证螺纹合格	
6	调头装夹ϕ51mm外圆，保证工件总长130mm	T0404	45°外圆车刀，S=800r/min	车削端面，保证总长	
7	对刀	T0101	93°外圆车刀，S=800r/min	试车削对刀	
8	加工工件右端，车削ϕ39mm、ϕ45mm外圆，半球$S\phi$30mm，圆弧R15mm	T0101	粗车削：93°外圆车刀，S=800r/min，F=0.2mm/r。精车削：93°外圆车刀，S=1200r/min，F=0.1mm/r	车削ϕ39mm，ϕ45mm外圆，半球$S\phi$30mm，圆弧R15mm，保证尺寸精度	
9	拆卸工件质量检查				

4.3.3 编写数控车削加工程序

加工参考程序如下：

1）车削右端外圆程序（90°外圆刀）。

N10 %（程序开始符）

N20 O0001；（程序号，工件左端至 ϕ57.0mm 外圆，粗加工）

N30 G90 G97 M03 S800 T0101；（主轴正转，转速 800r/min,1 号刀位刀具）

N40 G00 X65.0 Z5.0；（起刀点）

N50 G42；（刀具右补偿）

N60 G71 U1.0 R0.5；（粗加工循环）

N70 G71 P10 Q20 U0.5 W0.2 F0.2；

N80 N10 G00 X25.35；（精加工开始程序段）

N90 G01 Z0；

N100 X29.85 Z-1.5；

N110 Z-30.0；

N120 X39.0；

N130 X45.0 Z-45；

N140 X49.0；

N150 X51.0 Z-46.0；

N160 X51.0；

N170 Z-67.5；

N180 X57.0；

N190 Z-80.0；

N200 N20 G01 X60.0；（精加工循环结束程序段）

N210 G40；（取消刀具补偿）

N220 G00 X100.0 Z100.0；（退刀）

N230 M05；（主轴停止）

N240 M00；（程序暂停，精加工）

N250 M03 S1200 T0101；（主轴正转，转速 1200r/min,1 号刀位刀具）

N260 G00 X65.0 Z5.0；（起刀点）

N270 G42；（刀具半径右补偿）

N280 G70 P10 Q20 F0.1；（精加工程序）

N290 G40；（取消刀具补偿）

N300 G00 X100.0 Z100.0；（退刀）

N310 M05；（主轴停止）

N320 M30；（程序结束）

N330 %（程序结束符）

2）切槽程序。

N10 %（程序开始符）

N20 O0002；（程序号）

N30　G99　M03　S800　T0202;(主轴正转，转速 800r/min,2 号刀位刀具)

N40　G00　X35.0　Z-30.0;(起刀点)

N50　G01　X26.0　F0.05;(车削第一刀)

N60　G00　X32.0;

N70　W2.5;

N80　G01　X26.0;(车削第二刀)

N90　G00　X32.0;

N100　W2.0;

N110　G01　X26.0;(车削第二刀)

N120　W-4.5;

N130　G00　X32.0;(退刀)

N140　X100.0　Z100.0;

N150　M05;(主轴停止)

N160　M30;(程序结束)

N170　%(程序结束符)

3）车削螺纹程序。

N10　%(程序开始符)

N20　O0003;(程序号)

N30　G99　M03　S800　T0303;(主轴正转，转速 800r/min,3 号刀位刀具)

N40　G00　X35　Z5;(起刀点)

N50　G92　X29.35　Z-26.0　F1.5;(螺纹循环开始段)

N60　X29.0;

N70　X28.7;

N80　X28.5;

N90　X28.3;

N100　X28.1;

N110　X28.05;

N120　X28.05;(螺纹循环结束段)

N130　G00　X100.0　Z100.0;(退刀)

N140　M05;(主轴停止)

N150　M30;(程序结束)

N160　%(程序结束符)

4）车削左端外圆程序（93°外圆刀）。

N10　%(程序开始符)

N20　O0004;(程序号)

N30　G90　G97　M03　S800　T0101;(主轴正转，转速 800r/min,1 号刀位刀具)

N40　G00　X65.0　Z5.0;(起刀点)

N50　G42;(刀具右补偿)

N60　G73　U20　R21;(粗加工循环)

N70　G73　P10　Q20　U0.5　W0.2　F0.2;

N80　N10　G00　X0;(精加工开始程序段)

```
N90 G01  Z0;
N100 G03  X30.0  Z-15.0  R15.0;
N110 G01  X37.0;
N120 X39.0  Z-16.0;
N130 Z-25.5;
N140 X43.0;
N150 X45.0  Z-26.5;
N160 Z-31.5;
N170 G02  X45.0  Z-49.5  R15.0;
N180 G01  Z-55.5;
N190 X56.0;
N200 X57.0  Z-56.0;
N210 N20  G01  X65.0;（精加工循环结束程序段）
N220 G40;（取消刀具补偿）
N230 G00  X100.0  Z100.0;（退刀）
N240 M05;（主轴停止）
N250 M00;（程序暂停，精加工）
N260 M03  S1200  T0101;（主轴正转，转速1200r/min,1号刀位刀具）
N270 G00  X65.0  Z5.0;（起刀点）
N280 G42;（刀具右补偿）
N290 G70  P10  Q20  F0.1;（精加工程序）
N300 G40;（取消刀补）
N310 G00  X100.0  Z100.0;（退刀）
N320 M05;（主轴停止）
N330 M30;（程序结束）
N340 %（程序结束符）
```

零件加工评分细则如表4-8所示。

表4-8　零件加工评分细则

班级				姓名		机床号	
任务							
基本检测	编程	序号	检测内容		配分	小组互评	教师评分
		1	切削加工工艺确定正确		5		
		2	切削用量选择合理		5		
		3	程序正确、简单、规范		10		
	操作	4	设备操作、维护保养正确		3		
		5	安全、文明生产		5		
		6	刀具选择、安装正确、规范		2		
		7	工件找正、安装正确、规范		10		

班级			姓名		机床号	
任务						
工作态度	8	学习态度是否积极主动		2		
	9	是否服从教师的教学安排和管理		4		
	10	着装是否符合标准		2		
	11	是否遵守学习场所的规章制度		2		
尺寸检测	12	$\phi 51_{-0.03}^{0}$		5		
	13	$\phi 39_{-0.02}^{+0.01}$		5		
	14	$\phi 45_{-0.035}^{0}$		5		
	15	$\phi 57 \pm 0.02$		5		
	16	$\phi 39$、$\phi 45$		2		
	17	槽 7.5×2		3		
	18	M30×1.5-6g		8		
	19	$R15.0$（2 处）		4		
	20	130.5±0.05		5		
	21	6（2 处），7.5		4		
	22	表面粗糙度，倒角		4		
总分				100		

学生签名_____　　教师签名_____

🖥 任务评价

通过以上内容的学习，要求学生能达到 4-9 所示的要求。

表 4-9　数控车床零件加工学习情况评价表

序号	评价项目	学生自评			教师评价		
		A	B	C	A	B	C
1	能正确装刀						
2	会正确对刀						
3	能检验、修正加工程序						
4	掌握开机顺序						
5	会运行程序						
6	会修改刀补						
7	会控制轮廓加工精度						
8	是否符合 7S 标准						

学生签名_____　　教师签名_____

知识拓展

数控车床常用刀具及量具

1. 常用刀具

数控车床刀具种类繁多，功能互不相同。根据不同的加工条件正确选择刀具是编制程序的重要环节，因此必须对车刀的种类及特点有基本的了解。在数控车床上使用的刀具有外圆车刀、钻头、镗刀、切断车刀、螺纹加工刀具等，其中以外圆车刀、镗刀、钻头较为常用。数控车床使用的车刀、镗刀、切断车刀、螺纹加工刀具均有整体式和机夹式之分，除经济型数控车床外，其他数控车床已广泛使用可转位机夹式车刀。

（1）数控车床可转位刀具的特点

数控车床所使用的可转位车刀，其几何参数是通过刀片结构形状和刀体上刀片槽座的方位安装组合形成的，与通用车床相比一般无本质的区别，其基本结构、功能特点与通用车床相同。但是，数控车床的加工工序是自动完成的，因此对可转位车刀的要求又有别于通用车床所使用的刀具。可转位车刀的使用要求与特点如表4-10所示。

表4-10 可转位车刀的使用要求和特点

要求	特点	目的
精度高	采用 M 级或更高精度等级的刀片，多采用精密级的刀杆，用带微调装置的刀杆在机外预调好	保证刀片重复定位精度，方便坐标设定，保证刀尖位置精度
可靠性高	采用断屑可靠性高的断屑槽型或有断屑台和断屑器的车刀；采用结构可靠的车刀，采用复合式夹紧结构和夹紧可靠的其他结构	断屑稳定，不能有紊乱和带状切屑；适应刀架快速移动、换位及整个自动切削过程中夹紧不能松动
换刀迅速	采用车削工具系统，采用快换小刀夹	迅速更换不同形式的切削部件，完成多种切削加工，提高生产效率
刀片材料	刀片较多采用涂层刀片	满足生产节拍要求，提高加工效率
刀杆截形	刀杆较多采用正方形刀杆，但因刀架系统结构差异大，有的需采用专用刀杆	刀杆与刀架系统匹配

（2）可转位车刀的种类

可转位车刀按其用途可分为外圆车刀、仿形车刀、端面车刀、内圆车刀、切槽车刀、切断车刀和螺纹车刀等，如表4-11所示。

表4-11 可转位车刀的种类

类型	主偏角	适用机床
外圆车刀	90°、50°、60°、75°、45°	普通车床和数控车床
仿形车刀	93°、107.5°	仿形车床和数控车床
端面车刀	90°、45°、75°	普通车床和数控车床
内圆车刀	45°、60°、75°、90°、91°、93°、95°、107.5°	普通车床和数控车床

类型	主偏角	适用机床
切断车刀		普通车床和数控车床
螺纹车刀		普通车床和数控车床
切槽车刀		普通车床和数控车床

（3）可转位车刀的结构形式

1）杠杆式：结构如图 4-37（a）所示，由杠杆、螺钉、刀垫、刀垫销、刀片组成。这种方式依靠螺钉旋紧压靠杠杆,由杠杆的力压紧刀片达到紧固的目的。其适合各种正、负前角的刀片，有效的前角范围为 $-60°\sim+180°$；切屑可无阻碍地流过，切削热不影响螺孔和杠杆；两面槽壁给刀片有力的支撑，并确保转位精度。

2）楔块式：结构如图 4-37（b）所示，由紧定螺钉、刀垫、销、楔块、刀片组成。这种方式依靠销与楔块的挤压力将刀片紧固。其适合各种负前角刀片，有效前角的变化范围为 $-60°\sim+180°$。两面无槽壁，便于仿形切削或倒转操作时留有间隙。

3）楔块夹紧式：结构如图 4-37（c）所示，由紧定螺钉、刀垫、销、压紧楔块、刀片组成。这种方式依靠销与楔块的压下力将刀片夹紧。其特点同楔块式，但切屑流畅性不如楔块式。

此外，还有螺栓上压式、压孔式、上压式等形式。

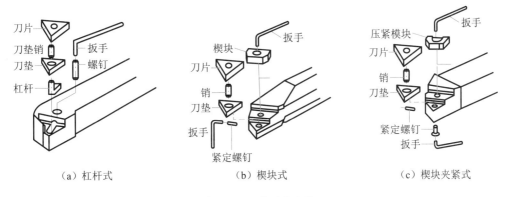

（a）杠杆式　　　　　　（b）楔块式　　　　　　（c）楔块夹紧式

图 4-37　刀片正确安装

2. 常用量具介绍

（1）游标卡尺

游标卡尺是一种测量长度、内外径、深度的量具。游标卡尺由主尺和附在主尺上能滑动的游标两部分构成。若从背面看，游标是一个整体。深度尺与游标尺连在一起，可以测量槽和筒的深度。游标卡尺如图 4-38 所示。

（2）外径千分尺

外径千分尺也称螺旋测微器，常简称千分尺。它是比游标卡尺更精密的长度测量仪器，精度有 0.01mm、0.02mm、0.05mm 等几种，加上估读的 1 位，可读取到小数点后第 3 位（千分位），故称千分尺。外径千分尺如图 4-39 所示。

图4-38 游标卡尺

图4-39 外径千分尺

📇 课外阅读

机电设备操作名匠——巩鹏

巩鹏，大国工匠。2012年全国首批国家级技能大师工作室——巩鹏技能大师工作室由国家人力资源和社会保障部揭牌成立。2015年国庆期间，中央电视台推出特别节目"大国工匠·为国铸剑"大型系列人物专题，巩鹏表演的"发丝上钻孔""巩氏研磨"等绝活，不仅让国人充分领略了其令人叹服的高超加工技艺，还向社会传达了尽职尽责、精益求精、爱岗敬业、勤劳朴实的职业素养。

✐ 思考与练习

根据本任务学习的内容，完成图4-40～图4-42所示的轮廓零件的程序编写，制定工具、量具、刀具清单，制定工序卡片，编写加工程序清单，完成工件加工。

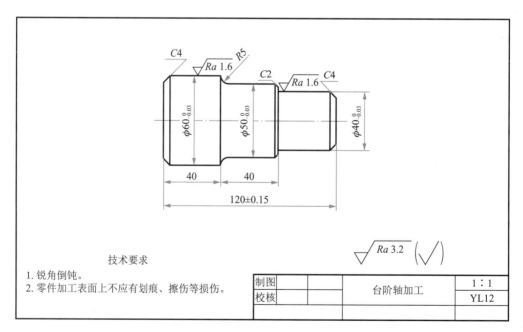

图4-40 台阶轴加工

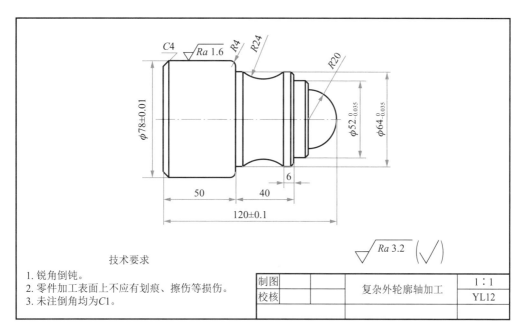

技术要求

1. 锐角倒钝。
2. 零件加工表面上不应有划痕、擦伤等损伤。
3. 未注倒角均为C1。

制图		复杂外轮廓轴加工	1∶1
校核			YL12

图 4-41　复杂外轮廓加工

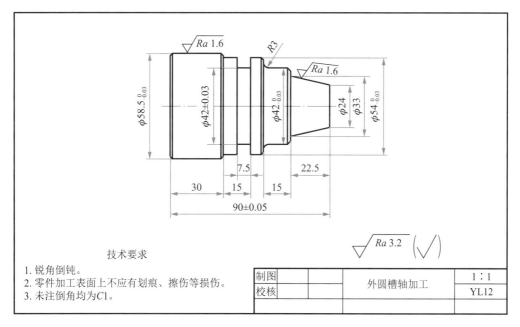

技术要求

1. 锐角倒钝。
2. 零件加工表面上不应有划痕、擦伤等损伤。
3. 未注倒角均为C1。

制图		外圆槽轴加工	1∶1
校核			YL12

图 4-42　外圆槽加工

任务 4.4 数控铣床对刀

任务目标

知识目标

● 掌握数控铣床刀具安装、对刀的方法。
● 掌握找正工件坐标系的方法。

技能目标

● 会合理选择加工刀具。
● 能完成刀具规范安装并准确对刀。

任务描述

数控铣床对刀是数控铣床加工过程中的主要操作和重要技能。对刀的精度决定零件的加工精度，对刀效率直接影响数控加工效率。因此，仅仅知道对刀方法是不够的，还要知道数控系统的各种对刀设置方式，以及这些方式在加工程序中的调用方法。同时要了解各种对刀方式的优缺点、使用条件等。工件的正确装夹及工件坐标系的找正是数控铣床加工中心特别重要的技能，装夹和找正的好坏直接影响零件的加工精度。本任务介绍数控铣床对刀的相关知识。通过学习要求学生掌握数控铣床的对刀方法。

在学习数控铣床对刀的过程中，学生应：

1）进行数控铣床对刀前的准备。
2）进行数控铣床的对刀。

数控铣床对刀	数控铣床对刀前准备
	数控铣床对刀操作

任务实施

4.4.1 数控铣床对刀前准备

1）毛坯尺寸为 80mm×80mm×30mm。
2）数控铣床工、量、刀具清单如表 4-12 所示。

表 4-12　工、量、刀具清单

种类	序号	名称	规格 /mm	精度 /mm	单位	数量
工具	1	机用平口钳	—	—	个	1
	2	扳手	—	—	个	1
	3	平行垫铁	—	—	副	1
	4	橡胶锤	—	—	个	1
量具	1	钢直尺	0 ～ 150	—	把	1
	2	游标卡尺	0 ～ 150	0.02	把	1
刀具	1	立铣刀	$\phi 10$	—	把	1

4.4.2　数控铣床对刀操作

1. 确定毛坯件

如图 4-43 所示的毛坯件，毛坯尺寸为 80mm×80mm×30mm。

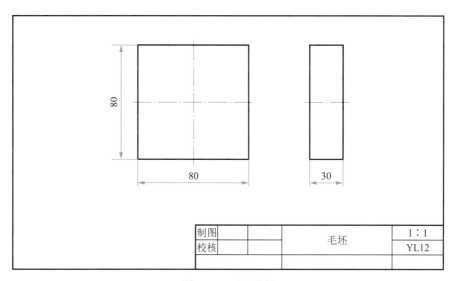

制图			毛坯	1：1
校核				YL12

图 4-43　对刀毛坯

2. 确定装夹方法

工件毛坯为方形，采用机用平口钳装夹，工件伸出钳口的高度根据加工零件的要求而定，工件下用垫铁支承夹紧，如图 4-44 所示。

3. 试切法找正及工件坐标系的设定步骤

试切法找正操作步骤是在找正 X 轴对称中心后，接着找正 Y 轴对称中心和 Z 轴工件坐标系。

（1）X 轴的对称中心找正

1）使机床模式处于 MDI 状态下，设定一个初始转速 600r/min，如图 4-46 所示。

图 4-45　工件伸出高度

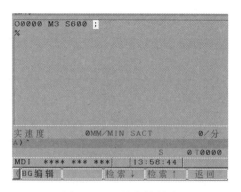

图 4-46　刀具旋转转速

2）使机床模式处于手轮状态下，此时主轴停转，按主轴正转 CW 键，主轴再次转动，切换手轮上的 X、Z 挡位，摇动手轮找正工件 X 轴的一边，如图 4-47 ～图 4-49 所示。

图 4-47　选择手轮方式

图 4-48　手轮主轴正转驱动

图 4-49　手轮轴选择挡位

3）找正 X 轴的工件坐标系。

①切换手轮上的 X、Z 挡位，摇动手轮使刀具与工件左边接触。

②通过显示屏下方的软键使屏幕上的坐标界面处于相对坐标系后，输入坐标 X，按显示屏下方的"归零"软键，刀具的当前坐标 X 轴相对坐标值为 0。

③将手轮切换到 Z 挡位，上抬铣刀，切换手轮上的 X、Z 挡位，摇动手轮找正 X 轴的右边。

④切换手轮上的 X、Z 挡位，摇动手轮找正 X 的中值。屏幕上显示 X 的相对坐标系为 X/2 时停止拨动手轮，当前位置即为 X 轴的工件坐标系，如图 4-50 ～图 4-55 所示。

图 4-50　X 轴的左边找正

图 4-51　相对坐标界面一

图 4-52　X 轴归零界面

图 4-53　X 轴右边找正　　　　图 4-54　工件 X 轴的右边界面　　　　图 4-55　X 取中值界面

注意：在找正 X 轴的工件坐标系过程中必须保证 Y 轴不动，只移动 X 轴和 Z 轴。

（2）Y 轴的对称中心找正

1）在 Y 轴里侧的找正。切换手轮上的 Y、Z 挡位，摇动手轮使刀具与工件里边接触。

2）通过显示屏下方的软键使屏幕上的坐标界面处于相对坐标系后，输入坐标 Y，按显示屏下方的"归零"软键，刀具当前坐标的 Y 轴相对坐标为 0。

3）将手轮切换到 Z 挡位，上抬铣刀，切换手轮上的 Y、Z 挡位，摇动手轮找正 Y 的外边。

4）切换手轮上的 Y、Z 挡位，摇动手轮找正 Y 的中值。显示屏上显示 Y 的相对坐标系为 Y/2 后停止找正，当前位置即为 Y 轴的工件坐标系，如图 4-56 ～图 4-61 所示。

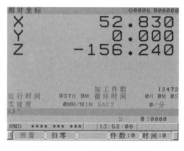

图 4-56　Y 轴的里边找正　　　　图 4-57　相对坐标界面二　　　　图 4-58　Y 轴归零界面

图 4-59　Y 轴的外边找正　　　　图 4-60　工件 Y 轴的外边界面　　　　图 4-61　Y 轴的中值界面

注意：在找正 Y 轴的工件坐标系过程中必须保证 X 轴不动。

（3）Z 轴的工件坐标系找正

切换到手轮上的 Z 挡位，反向摇动手轮，此时刀具与工件下移，铣刀与工件表面距离变小，且手轮挡位以 ×100、×10、×1 的顺序切换，当刀具和工件目测到有切屑时，

图 4-62 工件 Z 轴找正

停止手轮 Z 挡位摇动，当前位置即为 Z 轴的工件坐标系，如图 4-62 所示。

注意：在找正 Z 轴的工件坐标系过程中必须保证 X、Y 轴不动。

（4）工件坐标系的设定

当 X 轴、Y 轴、Z 轴工件坐标系找正后，通过 MDI 键盘的 OFS SET 键切换到工件坐标系设定界面。工件坐标系的设定如下：

1）X 轴工件坐标系坐标的设定。把光标置于工件坐标系设定界面（G54）中的 "X" 处，输入 "X0"，按显示屏下方的 "测量" 软键，X 轴工件坐标系坐标值即被设定，如图 4-63 和图 4-64 所示。

图 4-63 工件坐标系设定 X 轴界面

图 4-64 设定 X 轴工件坐标系

2）Y 轴的工件坐标系坐标的设定。把光标置于工件坐标系设定界面（G54）中的 "Y" 处，输入 "Y0"，按显示屏下方的 "测量" 软键，Y 轴工件坐标系坐标值即被设定，如图 4-65 和图 4-66 所示。

图 4-65 工件坐标系设定 Y 轴界面

图 4-66 设定 Y 轴工件坐标系

3）Z 轴工件坐标系坐标的设定。把光标置于工件坐标系设定界面（G54）中的 "Z"

处，输入"Z0"，按显示屏下方的"测量"软键，Z 轴工件坐标系坐标值即被设定，如图 4-67 和图 4-68 所示。

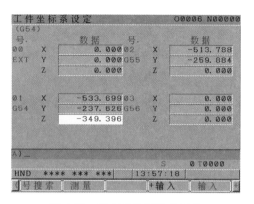

图 4-67 工件坐标系设定 Z 轴界面　　　　图 4-68 设定 Z 轴工件坐标系

任务评价

通过以上内容的学习，要求学生能达到表 4-13 所示的要求。

表 4-13 数控铣床对刀学习情况评价表

序号	评价项目	学生自评			教师评价		
		A	B	C	A	B	C
1	能正确安装工件						
2	会正确安装刀具						
3	试切法对刀，工件坐标系 X 轴导线						
4	试切法对刀，工件坐标系 Y 轴导线						
5	试切法对刀，工件坐标系 Z 轴导线						
6	是否符合 7S 标准						

学生签名：_____　教师签名：_____

知识拓展

找正器与对刀器

1. 找正器

找正器的作用是确定工件在机床上的位置，即确定工件坐标系，它有机械式及电子式两种。机械式找正器如图 4-69 和图 4-70 所示。电子式找正器需要内置电池，当其找正接触工件时，发光二极管亮，其重复找正精度在 2μm 以内，如图 4-71 所示。

图 4-69　机械式找正器

图 4-70　装入刀柄后机械式找正器

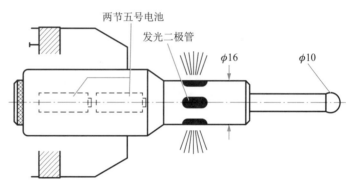

两节五号电池

发光二极管

$\phi16$

$\phi10$

图 4-71　电子式找正器及结构

2. 对刀器

对刀器是用以对刀具长度进行补偿的一种测量装置。对刀器的形式多样，如对刀量块、电子式对刀器等。对刀量块的材料有淬火钢、人造大理石及陶瓷，其特点是对刀准确、效率高，缩短了加工准备时间，其采用手动方式工作，即对刀时，机床的运动由操作者手动控制，特别适合单件、小批量生产。电子式对刀器能在对刀时将对刀器产生的信号通过电缆输出至机床的数控系统，以便结合专用控制程序实现自动对刀、自动设定或更新刀具的半径和长度补偿值，如图 4-72 和图 4-73 所示。

图 4-72　Z 轴自动设定

图 4-73　Z 轴对刀器

课外阅读

机电设备操作名匠——张新停

张新停，大国工匠。许多现代化军工装备尺寸较大，然而，有一种装备，它尺寸不大，即让武器装备完成最终作战任务的各种弹药。要让每发弹药都完美地达到设计要求，做到打击精度高、毁伤效能强，在生产过程中就要对其进行严格把关，张新停就是这个把关的人。在一个吹到最大的气球上面放一张白纸，张新停可以操控锋利的钻头在白纸上钻孔，并保证气球完好无损。

思考与练习

1. 圆柱形工件的对称中心应如何找正？
2. 简述数控铣刀的对刀方法。

任务 4.5 数控铣床加工

任务目标

知识目标

● 熟悉常用的加工方法。
● 理解切削参数对加工质量的影响。

技能目标

● 会正确安排加工工艺。
● 能合理选用加工刀具。
● 能完成工件加工。

任务描述

本任务通过一个综合实例对数控铣床的编程、刀具选择、工艺安排，以及零件加工程序的编写等过程进行介绍，要求学生学会零件的加工方法。加工零件如图 4-74 所示，通过学习，要求学生能够正确加工出零件，并能达到零件的精度要求。

在学习数控铣床零件加工的过程中，学生应：

1）进行数控铣床零件加工前的准备。
2）进行数控铣削加工工艺分析。
3）对数控铣削加工进行程序编写、工件检测。

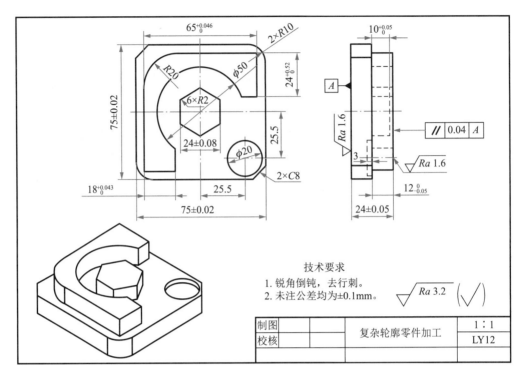

图 4-74　加工零件

数控铣床加工	数控铣床加工前准备
	数控铣削加工工艺分析
	编写数控铣削加工程序

任务实施

4.5.1　数控铣床加工前准备

零件毛坯、工具、量具清单如表 4-14 所示。

表 4-14　零件毛坯、工具、量具清单

序号	类别	名称	规格	数量	备注
1	材料	LY12	80mm×80mm×30mm	1块	
2	刀具	硬质合金钢	$\phi80$mm	1把	
3	刀具	高速钢立铣刀	$\phi8$mm、$\phi12$mm	1支	
4	夹具	精密机用平口钳	$0\sim300$mm	1套	

续表

序号	类别	名称	规格	数量	备注
5	工具	铣夹头		2 个	
		弹簧夹套	ϕ8mm、ϕ12mm	1 个	与刀具配套
		平行垫铁		1 副	
		油石		1 支	
6	量具	游标卡尺	0 ～ 150mm	1 把	

4.5.2　数控铣削加工工艺分析

1. 图样分析

通过识图,该零件由(75mm±0.02mm)×(75mm±0.02mm),高 24mm±0.05mm 的四方形台;$65_{-0.046}^{0}$ mm× $65_{0}^{+0.046}$mm, 高 $12_{-0.05}^{0}$ 的不规则凸台;一个宽 24mm±0.08mm, 高 $10_{0}^{+0.05}$mm 的六边形台;一个 ϕ20mm, 深 3mm 的孔组成。其中,六边形需要计算出各坐标点,如图 4-75 所示。

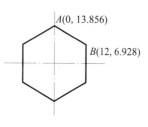

图 4-75　六边形点坐标

2. 刀具选择

选择刀具时,应考虑粗精加工刀具分开原则,防止精加工刀具过早的磨损。

根据图样,考虑切削加工生产率,该零件加工选用的刀具如表 4-15 所示。

表 4-15　刀具卡片

刀具名称	刀具规格	材料	数量	刀具用途	备注
盘铣刀	ϕ80mm	硬质合金钢	1	用于平面粗加工	
立铣刀	ϕ12mm	高速钢	1	用于轮廓粗加工	
立铣刀	ϕ8mm	高速钢	1	用于槽粗加工、外形轮廓精加工	

3. 切削参数选择

选择合适的刀具和加工参数,对于金属切削加工能够起到事半功倍的效果。根据加工对象的材质、刀具的材质和规格,从金属切削参数手册中查找刀具线速度、单刃切削量,确定选用刀具的转速、进给速度。切削参数卡片如表 4-16 所示。

表 4-16　切削参数卡片

刀具	切削速度 v / (mm/min)	每刃进给量 f / (mm/刃)	主轴转速 S / (r/min)	进给速度 F / (mm/min)	备注
ϕ80mm 盘铣刀	50	0.04	1500	200	平面加工
ϕ12mm 立铣刀	50	0.04	1300	200	粗加工
ϕ8mm 立铣刀	30	0.05	1200	240	粗加工
	60	0.05	2400	300	精加工

4. 背吃刀量 a_{p}

背吃刀量在粗加工时主要受机床和刀具刚度的限制，一般情况下，径向切削量较大时背吃刀量取 $(0.6 \sim 0.8)D_{刀}$，否则背吃刀量可大一些。

该零件轮廓加工量大，每个凸台轮廓加工深度不用分层加工。

5. 零件加工工序

零件各个轮廓加工工序卡片如表 4-17 所示。

表 4-17　零件加工工序卡片

单位	产品名称及型号		零件名称	零件图号			
×××公司	FZLK-01		简单零件加工				
程序编号	夹具名称		使用设备	工件材料			
O0001、O0002	机用平口钳		凯达 1000LA 铣床	硬铝 LY12			
工序号	工步号	工步内容	刀具号	切削用量	备注		工序简图
1	1	铣上平面	T01	ϕ12mm 立铣刀，S=1300r/min，F=200mm/min，a_{p}=0.3mm	按精加工方式铣削		
	2	装夹工件，设定工件坐标系 G54，X、Y 设置在工件中心，Z 设置在工件上表面	T01		采用试切法对刀		

工序号	工步号	工步内容	刀具号	切削用量	备注	工序简图
1	3	粗铣（75mm±0.02mm）×（75mm±0.02mm），高 13mm 凸台，分层加工，留余量 0.2mm	T01	ϕ12mm 立铣刀，S=1300r/min，F=200mm/min，a_p=6.5mm		
	4	精铣（75mm±0.02mm）×（75mm±0.02mm），高 13mm 凸台至尺寸	T01	ϕ12mm 立铣刀，S=1300r/min，F=200mm/min，a_p=13mm		
	5	去毛刺				
	6	检验				
2	7	调头装夹工件，铣平面，保证 24mm ±0.05mm 尺寸	T01	ϕ12mm 立铣刀，S=1300r/min，F=200mm/min		
	8	装夹工件，设定工件坐标系 G54，X、Y 设置在工件中心，Z 设置在工件上表面	T01		采用试切法对刀	
	9	粗铣 $65_{-0.046}^{0}$mm× $65_{0}^{+0.0460}$mm，高 $12_{-0.05}^{0}$mm 凸台，分层加工，留余量 0.2mm，并手动去除周边余料	T01	ϕ12mm 立铣刀，S=1300r/min，F=200mm/min，a_p=6mm		

工序号	工步号	工步内容	刀具号	切削用量	备注	工序简图
2	10	粗铣 ϕ20mm，深3mm 圆槽孔，留余量 0.2mm	T01	ϕ12mm 立铣刀，S=1300r/min，F=200mm/min，a_p=3mm		
	11	粗铣 ϕ50mm，高 $12_{-0.05}^{0}$mm 的圆，留余量 0.2 mm	T02	ϕ8mm 立铣刀，S=1200r/min，F=240mm/min，a_p=6mm		
	12	粗铣 24mm±0.08 mm，高 $10_{0}^{+0.05}$mm的六边形台，留余量 0.2mm，去除周边余料	T02	ϕ8mm 立铣刀，S=1200r/min，F=240mm/min，a_p=6mm		
	13	精铣 24mm±0.08 mm，高 $10_{0}^{+0.05}$mm 的六边形台至尺寸	T02	ϕ8mm 立铣刀，S=2400r/min，F=300mm/min，a_p=12mm		
	14	精铣 $65_{-0.046}^{0}$mm，高 $12_{-0.05}^{0}$ mm 的凸台至尺寸	T02	ϕ8mm 立铣刀，S=2400r/min，F=300mm/min，a_p=12mm		
	15	精铣 ϕ50mm 的圆，保证尺寸 $24_{0}^{+0.052}$mm，$18_{0}^{+0.043}$mm，$65_{0}^{+0.046}$ mm	T02	ϕ8mm 立铣刀，S=2400r/min，F=300mm/min，a_p=12mm		
	16	精铣 ϕ20mm 的圆至尺寸	T02	ϕ8mm 立铣刀，S=2400r/min，F=300mm/min，a_p=12mm		
	17	去毛刺				
	18	检验				

4.5.3 编写数控铣削加工程序

1）铣削平面程序。

N10 %（程序开始符）

N20 O0001;（程序号）

N30 G90 G54 G00 X0 Y0 S1500 M03;（定位起始点）

N40 Z100.0;（定位起始高度）

N50 Z5.0;（快速移动到安全高度）

N60 X-100.0 Y-30.0;（快速移动到下刀点）

N70 G01 Z-0.5 F200;（慢速移动到背吃刀量）

N80 X100.0 Y-30.0;

N90 X100.0 Y30.0;

N100 X-100.0 Y30.0;

N110 G00 Z100.0 M05;（快速移动到起始高度）

N120 M30;（程序结束）

N130 %（程序结束符）

2）粗铣（75mm±0.02mm）×（75mm±0.02mm），高 13mm 凸台，分 2 层铣削，留余量 0.2mm 的程序。

N10 %（程序开始符）

N20 O0002;（程序号）

N30 G90 G54 G00 X0 Y0 S1300 M03;（定位起始点）

N40 Z100.0;（定位起始高度）

N50 Z5.0;（快速移动到安全高度）

N60 G41 D01 X45.0 Y-40.0;[定位下刀点，执行刀具半径补偿指令（G41 左刀补 $D01=6.1$）]

N70 G01 Z-6.5 F100;（慢速移动到背吃刀量，第 2 层 $Z=13$mm）

N80 X-40.0,R10.0 F200;

N90 Y40.0,C8.0;

N100 X40.0,R10.0;

N110 Y-32.0;

N120 X32.0 Y-40.0;

N130 G00 G40 Z100.0 M05;（取消刀具半径补偿指令，快速移动到起始高度）

N140 M30;（程序结束）

N150 %（程序结束符）

3）反面装夹铣表面，程序参考 O0001，并保证高度尺寸 24mm±0.05mm。

4）粗铣 $65_{-0.046}^{0}$mm×$65_{0}^{+0.046}$mm，高 $12_{-0.05}^{0}$mm 凸台，留余量 0.2mm，并手动去除周边余料的程序。

N10 %（程序开始符）

N20 O0004;（程序号）

N30 G90 G54 G00 X0 Y0 S1300 M03;（定位起始点）

N40 Z100.0;（定位起始高度）

N50 Z5.0;（快速移动到安全高度）

N60 G41 D01 X-32.5 Y-40.0;[定位下刀点，执行刀具半径补偿指令（G41 左刀补 $D01=6.1$）]

N70 G01 Z-6.0 F100;（慢速移动到背吃刀量，第 2 层 $Z=12$mm）

N80 Y32.5,R20.0 F200;（以下为轮廓轨迹）

N90 X32.5;

N100 Y8.5;

N110 X-14.5 Y-32.5;

N120 X-40.0;

N130 G00 G40 Z100.0 M05;(取消刀具半径补偿指令，快速移动到起始高度)

N140 M30;(程序结束)

N150 %(程序结束符)

5)粗铣 ϕ20mm，深 3mm 圆槽孔，采用局部坐标系，留余量 0.2mm 的程序。

N10 %(程序开始符)

N20 O0005;(程序号)

N30 G90 G55 G00 X0 Y0 S1300 M03;(定位起始点)

N40 Z100.0;(定位起始高度)

N50 Z5.0;(快速移动到安全高度)

N60 G41 D01 X3.0 Y-7.0;[定位下刀点，执行刀具半径补偿指令(G41 左刀补 D01=6.1)]

N70 G01 Z-15.0 F100;(慢速移动到背吃刀量)

N80 G03 X10.0 Y0 R7.0 F200;(圆角半径 7.0mm 切入)

N90 I-10.0;(整圆切削)

N100 X3.0 Y7.0 R7.0;(圆角半径 7.0mm 切出)

N110 G00 G40 Z100.0 M05;(取消刀具半径补偿指令，快速移动到起始高度)

N120 M30;(程序结束)

N130 %(程序结束符)

6)粗铣 ϕ50mm，高 $12_{-0.05}^{0}$mm 的圆，留余量 0.2mm 的程序。

N10 %(程序开始符)

N20 O0006;(程序号)

N30 G90 G54 G00 X0 Y0 S1200 M03;(定位起始点)

N40 Z100.0;(定位起始高度)

N50 Z5.0;(快速移动到安全高度)

N60 G41 D01 X40.0 Y8.5;[定位下刀点，执行刀具半径补偿指令(G41 左刀补 D01=4.1)]

N70 G01 Z-6.0 F100;(慢速移动到背吃刀量，第 2 层 Z=12mm)

N80 X23.51 F240;(以下为轮廓轨迹)

N90 G03 X-14.5 Y-20.37 R-25.0;

N100 G01 Y-40.0;

N110 G00 G40 Z100.0 M05;(取消刀具半径补偿指令，快速移动到起始高度)

N120 M30;(程序结束)

N130 %(程序结束符)

7)粗铣 24mm±0.08mm，高 $10_{0}^{+0.05}$mm 的六边形台，留余量 0.2mm，去除周边余料的程序。

N10 %(程序开始符)

N20 O0007;(程序号)

N30 G90 G54 G00 X0 Y0 S1200 M03;(定位起始点)

N40 Z100.0;（定位起始高度）

N50 Z5.0;（快速移动到安全高度）

N60 G41 D01 X18.0 Y6.0;[定位下刀点，执行刀具半径补偿指令 (G41 左刀补 D01=4.1)]

N70 G01 Z-6.0 F100;（慢速移动到背吃刀量，第 2 层 Z=12.0mm）

N80 G03 X12.0 Y0 R6.0 F240;（圆角半径 6.0mm 切入）

N90 G01 Y-6.928,R2.0;

N100 X0 Y-13.856,R2.0;

N110 X-12.0 Y-6.928,R2.0;

N120 Y6.928,R2.0;（以下为轮廓轨迹）

N130 X0 Y13.856,R2.0;

N140 X12.0 Y6.928,R2.0;

N150 Y0;

N160 G03 X18.0 Y-6.0 R6.0;（圆角半径 6.0mm 切出）

N170 G00 G40 Z100.0 M05;（取消刀具半径补偿指令，快速移动到起始高度）

N180 M30;（程序结束）

N190 %（程序结束符）

零件加工评分细则如表 4-18 所示。

表 4-18　零件加工评分细则

班级			姓名			机床号	
任务							
基本检测	编程	序号	检测内容		配分	小组互评	教师评分
		1	切削加工工艺确定正确		5		
		2	切削用量选择合理		5		
		3	程序正确、简单、规范		10		
	操作	4	设备操作、维护保养正确		3		
		5	安全、文明生产		5		
		6	刀具选择、安装正确、规范		2		
		7	工件找正、安装正确、规范		10		
工作态度		8	学习态度是否积极主动		2		
		9	是否服从教师的教学安排和管理		4		
		10	着装是否符合标准		2		
		11	是否遵守学习场所的规章制度		2		
尺寸检测	轮廓尺寸	12	75mm±0.02mm（2 处）		2		
		13	$65_{-0.046}^{0}$ mm		5		
		14	$65_{0}^{+0.046}$ mm		3		
		15	$24_{0}^{+0.052}$ mm		5		
		16	24mm±0.08mm（3 处）		3		
		17	$18_{0}^{+0.043}$		3		
		18	R10（2 处）		2		

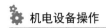

续表

任务						
尺寸检测	轮廓尺寸	19	$R2$（6处）	2		
		20	$R20$	2		
		21	$C8$（2处）	2		
		22	$\phi 50mm$	2		
		23	$\phi 20mm$	2		
	深度尺寸	24	$10_{0}^{+0.05}$ mm	5		
		25	$12_{-0.05}^{0}$ mm	5		
		26	24mm±0.05mm	5		
		27	3	2		
总分				100		

任务评价

通过以上内容的学习，要求学生能达到表 4-19 所示的要求。

表 4-19　数控铣床零件加工学习情况评价表

序号	评价项目	学生自评			教师评价		
		A	B	C	A	B	C
1	能正确装刀						
2	能正确操作机床操作面板按钮						
3	能检验、修正加工程序						
4	掌握开机顺序						
5	会运行程序						
6	学习态度是否积极主动						
7	是否服从教师的教学安排和管理						
8	着装是否符合标准						
9	是否遵守学习场所的规章制度						

学生签名：_____　教师签名：_____

知识拓展

铣刀的种类

在数控铣床上加工零件，应根据被加工零件的材料、几何形状、表面质量要求、热处理状态、切削性能及加工余量等，选择刚性好、耐用度高的刀具。数控铣床常用刀具如图 4-76 所示。

被加工零件的几何形状是选择刀具类型的主要依据。

1）加工曲面类零件时，为了保证刀具切削刃与加工轮廓在切削点相切，避免刀刃与工件轮廓发生干涉，一般采用球头刀，粗加工用两刃铣刀，半精加工和精加工用四刃铣刀，如图 4-77 所示。

图 4-76 数控铣床常用刀具

图 4-77 加工曲面类铣刀

2）铣较大平面时，为了提高生产效率和提高加工表面粗糙度，一般采用刀片镶嵌式盘形铣刀，如图 4-78 所示。

3）铣小平面或台阶面时，一般采用通用铣刀，如图 4-79 所示。

图 4-78 加工大平面铣刀   图 4-79 加工台阶面铣刀

4）铣键槽时，为了保证槽的尺寸精度，一般用两刃键槽铣刀，如图 4-80 所示。

图 4-80　加工槽类铣刀

5）孔加工时，可采用麻花钻（图 4-81）、镗刀（图 4-82）等孔类加工刀具。

图 4-81　麻花钻

图 4-82　镗刀

课外阅读

机电设备操作名匠——张冬伟

张冬伟，1981 年 12 月出生，大专学历，大国工匠，中央企业技术能手，沪东中华造船（集团）有限公司船舶焊接高级技师，蓝领精英。沪东中华造船（集团）有限公司总装二部围护系统车间电焊二组班组长，主要从事 LNG（液化天然气）船的围护系统二氧化碳焊接和氩弧焊焊接工作。

张冬伟刻苦钻研船舶建造技术，潜心传承工匠精神，成为公司高端产品 LNG 船的焊接工人。LNG 船是运输液化天然气的"海上超级冷冻船"，2005 年我国培养了第一批掌握这项焊接技术的工人，张冬伟就是其中的佼佼者。张冬伟和他的同事焊接了当今世界较先进、建造难度较大的 45000t 集装箱滚装船，他用自己火红的青春谱写了一曲执着于国家海洋装备建设的奉献之歌。

思考与练习

根据所学习的内容，完成图 4-83～图 4-85 所示轮廓零件的程序编写，并制定工具、量具、刀具清单，制定工序卡片。

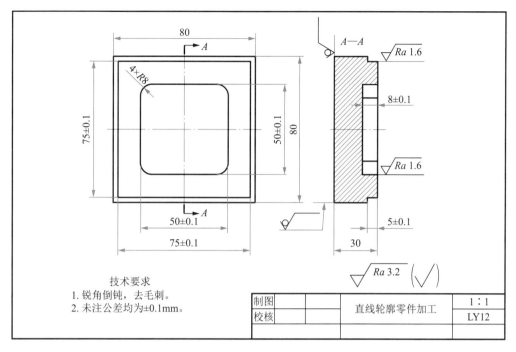

图 4-83　简单直线轮廓图

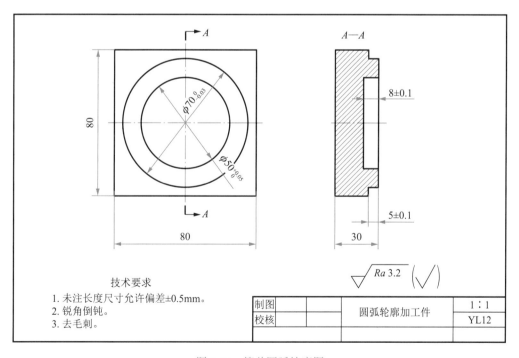

图 4-84　简单圆弧轮廓图

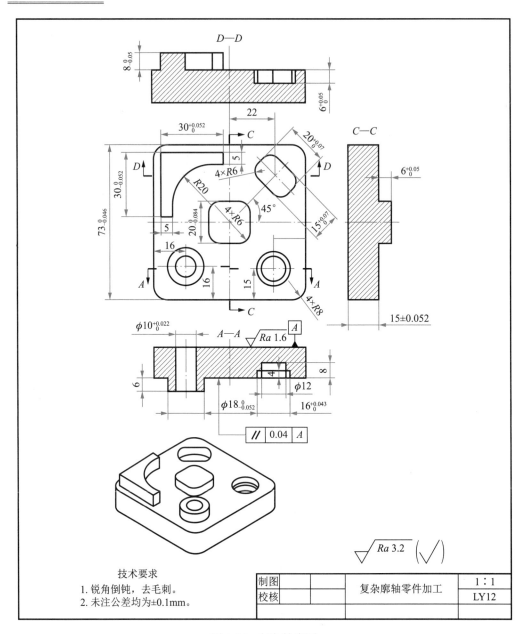

技术要求

1. 锐角倒钝，去毛刺。
2. 未注公差均为±0.1mm。

制图		复杂廓轴零件加工	1 : 1
校核			LY12

图 4-85　复杂轮廓图

参 考 文 献

范建锋，2015. 数控车加工技术 [M]. 杭州：浙江大学出版社 .

付承云，2011. 数控机床——安装调试及维修现场实用技术 [M]. 北京：机械工业出版社 .

顾其俊，2011. 数控机床操作与编程技能实训教程 [M]. 北京：印刷工业出版社 .

顾其俊，卢孔宝，2015. 数控铣床（加工中心）编程与图解操作 [M]. 北京：机械工业出版社 .

韩鸿鸾，2007. 数控铣工加工中心操作工（中级）[M]. 北京：机械工业出版社 .

韩鸿鸾，2011. 数控机床装调维修工（中、高级）[M]. 北京：化学工业出版社 .

胡其谦，2009. 数控铣床编程与加工技术 [M]. 北京：高等教育出版社 .

黄金龙，2009. 数控铣床编程与实训 [M]. 北京：科学出版社 .

沈建峰，虞俊，2007. 数控铣工加工中心操作工（高级）[M]. 北京：机械工业出版社 .

王爱玲，2013. 数控机床结构及应用 [M]. 2 版 . 北京：机械工业出版社 .

王洪，2009. 机床电气控制 [M]. 北京：科学出版社 .

徐斌，2009. 数控车床编程与加工技术 [M]. 北京：高等教育出版社 .

张超英，2006. 数控专业学习指南 [M]. 北京：中央广播电视大学出版社 .